全景百科·学生版

令孩子着迷的100个恐龙秘密

田战省 主编

陕西新华出版传媒集团
陕西科学技术出版社
—— 西安 ——

比陆地宽阔的是大海；
比大海宽阔的是天空；
比天空更为浩瀚的是
无穷的知识；
来吧！让我们一起去
畅游知识的海洋。

——改自维克多·雨果

前言 Foreword

在大约2亿年前的中生代时期，地球上的气候温暖湿润，陆地上到处都是郁郁葱葱的植物，以恐龙为代表的爬行动物发展到了顶峰，地球成为一群史前巨兽的乐园。飞龙、翼龙自在地飞翔于空中；蛇颈龙、鱼龙欢畅地游弋于海洋；雷龙、剑龙、甲龙和霸王龙则威武地在林间散步。

可是，这样一个庞大的家族，却在6 500万年前神秘地消失了。恐龙为什么会一下子就消失了，这是一个未解之谜，很多年来人们纷纷猜测，但一直没有一个肯定的答案。所幸的是有些死去的恐龙并没有完全消失，它们的骨骼变成了化石被大自然保留了下来，使今天的我们知道，这些巨大的爬行动物曾经有一段非常光辉灿烂的历史。

在人类出现以前，曾经有众多生物在地球上产生继而消亡，恐龙则是这些生物中最负盛名的一类，它们统治了地球约1.5亿年之久，是目前人类在地球上生存时间的150倍呢！它们的世界当然充满传奇色彩。让我们一起走进恐龙的世界，去探索它们的秘密。

书虫俱乐部

目录 Contents

史前霸主的辉煌

恐龙家族揭秘

追踪三叠纪

侏罗纪公园

探秘白垩纪

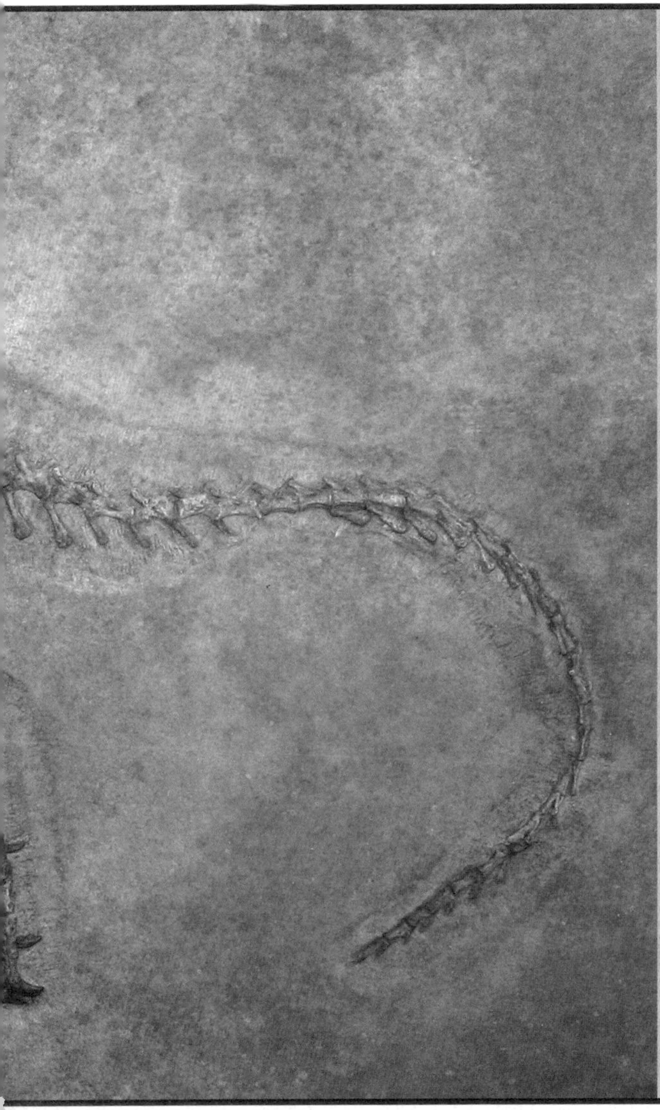

史前霸主的辉煌

地球从诞生，至今已经度过了 46 亿年的漫长时光，如果把地球的历史缩短为一个小时，那么地球上的动物在最后 15 分钟才会出现，而人类出现得更晚。在所有的史前动物中，恐龙无疑是最引人注目的一类。它们在地球上生活了至少 1.6 亿年，在其生存的整个地质历史时期，它们几乎主宰了世界，是当之无愧的史前霸主。

No.001

沧海桑田——古生物的历史变迁

如今，地球上生活着各种各样的动物和植物，已经被确认的大约有 300 万种，然而曾在地球上出现过而最终灭绝了的生物则远远超过这个数目。30 亿年来，生物经过了不断演化，才形成今天千姿百态、种属繁多的生物界。

生命的起源

在距今约 35 亿年前，地球上的原始大气在紫外线、闪电、高温的作用下合成蛋白质、核酸等有机物质，然后再经过进一步演化，最终产生了最原始的生命，地球的历史开始进入生物进化的阶段。

note 知识小笔记

素有“活化石”之称的鹦鹉螺出现在距今 4.5 亿年前的寒武纪，它揭示了大自然演变的奥秘。

三叶虫化石

藻类和无脊椎动物时代

25.00 亿 ~ 4.35 亿年前，藻类是元古代海洋中的主要生物。到寒武纪时，各门类无脊椎动物大量涌现，以三叶虫为最多，约占当时动物界的 60%。奥陶纪时，各门类无脊椎动物已发展齐全，海洋呈现出一派生机勃勃的景象。

志留纪

泥盆纪

裸蕨植物和鱼类时代

在距今4.35亿～3.55亿年前，地质史上称志留纪和泥盆纪。这段时期，绿藻登陆大地，进化为裸蕨植物，无脊椎动物进化为脊椎动物。志留纪时出现的无颌甲胄鱼类，是原始脊椎动物的最早成员之一，但不是真正的鱼类，志留纪末期出现的盾皮鱼类和棘鱼类才是真正的鱼类。

泥盆纪时期的腔棘鱼

蕨类植物和两栖动物时代

在距今3.55亿～2.50亿年前的石炭纪和二叠纪时期，裸蕨植物已绝灭了，取而代之的是石松类、楔叶类、真蕨类和种子蕨类等植物，它们生长茂盛，形成壮观的森林。此时的昆虫种类已有几万种，两栖类动物也出现了。到二叠纪末期，两栖类逐渐进化为原始爬行动物。

蛇目龙是地球上首批出现的最凶猛的肉食动物，长着比犬齿更锋利的长牙，被喻为二叠纪的“丛林大王”。

No.002

恐龙时代的来临——三叠纪

在距今2.50亿～6 500万年前，生物史称为中生代，包括了地质史的三叠纪、侏罗纪和白垩纪，其中三叠纪始于距今2.5亿年前，延续了约5 000万年。三叠纪时，脊椎动物得到了进一步的发展，其中，槽齿类爬行动物出现，并从它发展出最早的恐龙。

劳亚古陆和冈瓦纳古陆

1.35亿年前，大西洋已经张开

气候条件

三叠纪时期，地球的两极没有陆地或冰川，靠近海洋的地方比较湿润而草木茂盛，但是由于陆地的面积十分广阔，使带湿气的海风无法进入内陆地区，大陆中部便形成了一个很大的沙漠，所以陆地上的气候相当干燥。

泛古陆

三叠纪时期的地球只有一块大陆，这块大陆被称为泛古陆，大致位于现在非洲所在的位置。泛古陆分为北边的劳亚古陆和南边的冈瓦纳古陆。劳亚古陆包括了今天的北美洲、欧洲和亚洲的大部分地区，冈瓦纳古陆则包括了现在的非洲、大洋洲、南极洲、南美洲以及亚洲的印度等部分地区。

大约在1.8亿年前，联合古陆开始分裂

1 000万年前，大西洋扩大了许多，地球上的几大洲初步形成

植物分布

三叠纪时期，在广阔又炎热的劳亚古陆上，分布着银杏、种子蕨类、苏铁及拟苏铁类等耐旱的植物；而舌羊齿则是冈瓦纳古陆上最主要的树木。到了三叠纪后期，苏铁类和松柏类等原始针叶植物最终取代了蕨类植物，成为地球上最常见的树木。

三叠纪时期的森林

三叠纪时期的地球上生活着许多种昆虫，但是，它们和现代昆虫的差距很大，例如图中的这只蜻蜓，它的体积比现代蜻蜓大很多。

动物多样化

这一时期，陆地上的各类节肢动物开始多样化，蜘蛛、蝎子、马陆、蜈蚣等古老物种重新繁盛，各类新品种的昆虫也开始出现，占据了天空，从此一直绵延至今。似哺乳的爬行类也多了起来，但又逐渐被新的“祖龙类”取代，这是翼龙、鳄与恐龙的祖先。

恐龙出现

到三叠纪中期时，早期恐龙作为优秀的掠食者而出现。海洋中除了无脊椎动物及鱼类以外，爬行类也进入海洋。三叠纪晚期，恐龙已经成为了种类繁多的一个类群，在生态系统中占据了重要地位。因此，三叠纪也被称为“恐龙时代前的黎明”。

note 知识小笔记

世界上最早的乌龟——原颚龟也出现在三叠纪晚期。

No.003

恐龙家族的巅峰——侏罗纪

侏罗纪属于中生代中期,距今 2.00 亿~ 1.46 亿年。这一时期,地球上单一的大陆分裂为两块,植物和气候变得更加多样,恐龙家族呈现空前的繁荣,在超过 5 000 万年的时间内,它们发展成为素食性和肉食性恐龙,在地球上构成一幅千姿百态的巨兽世界。

气候状况

这时候全球各地的气候都很温暖,海洋产生湿润的风,为内陆沙漠带来了降雨,因此,植被区域延伸到以前的不毛之地。地球上的气候比现在温暖、均衡,但也存在热带、亚热带和温带的区别。

→侏罗纪时期,气候温暖,植物茂盛。

植物分布

侏罗纪早期,地球上单一的大陆分裂为两块。植物群落中,裸子植物中的苏铁类、松柏类和银杏类极其繁盛,它们和蕨类植物中的木贼类、真蕨类共同组成茂盛的森林,为数量众多的恐龙提供了所需的食物。

巨大的怪兽

此时，最吸引人的动物自然是巨大的蜥脚类恐龙，侏罗纪晚期，蜥脚类恐龙达到全盛，成为地球陆地上出现过的最巨大的动物。在大约1.46亿年前，侏罗纪结束时，蜥脚类恐龙大大衰落，在它们灭绝后，陆地上再也没有出现过这样巨大的动物。

侏罗纪时期的蜥脚类恐龙——梁龙

鸟脚类恐龙是鸟臀类恐龙中最早分化出来的类群。它们到侏罗纪晚期时已经发展成为一个大家庭，遍布世界各地。弯龙就是这个家族中的一员。

恐龙的进化

这一时期，恐龙进化成为两个截然不同的类群，即蜥臀类和鸟臀类。它们的区别就在于髋部结构，蜥臀类髋部的耻骨指向下方，鸟臀类的耻骨指向后方。

始祖鸟出现

侏罗纪晚期，最早的鸟类——始祖鸟出现，开启了鸟类时代。恐龙时代的鸟类化石稀少，但始祖鸟显示出许多肉食性恐龙的特征，因而大多数科学家认为它是由恐龙进化而来的。

No.004

恐龙帝国的末日——白垩纪

白垩纪是中生代最后一个时期，从1.46亿年前起大约持续了8 000万年。这一时期，恐龙仍然繁盛，并演化出许多种类。但到白垩纪末期，由于环境的突变，所有恐龙以及鱼龙和翼龙全都灭绝了，称雄一时的爬行动物至此一蹶不振，退出了历史舞台。

地理特征

在白垩纪，泛古陆完全分裂成现在的各大陆，但是它们和现在的位置不全相同。这些板块运动，形成大量的海底山脉，进而造成全球性的海平面上升，这为恐龙分化得更加多姿多彩创造了特殊的环境。

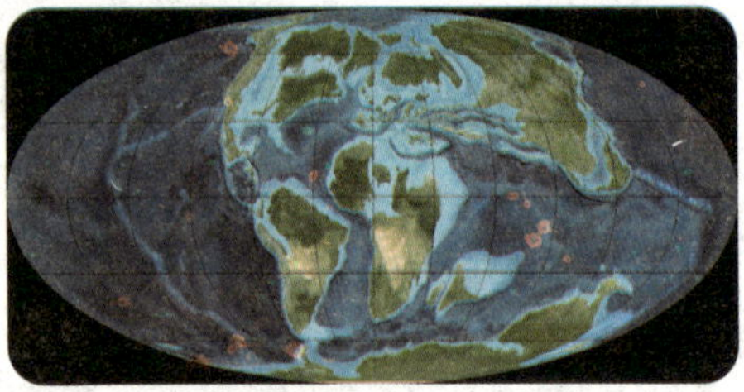

白垩纪时期，地球上的大陆分布状况。

植物的演变

白垩纪早期，裸子植物依然繁茂，高大的乔木和矮小的苏铁类组成广阔的森林。同时，出现了双子叶与单子叶的被子植物。白垩纪晚期，被子植物迅速兴盛，代替了裸子植物而占据优势，形成延续到现今的被子植物时代，如木兰、柳、枫、白杨、桦、棕榈等遍布地表。

角龙

恐龙的发展

白垩纪时期，陆地上的优势动物仍然是爬行动物，尤其是恐龙，它们较之前一个时期更为多样化。但鸭嘴龙、甲龙和角龙在白垩纪晚期才发展迅速，特别是角龙，虽然白垩纪晚期才在地球上出现，却在很短的时间内就进化出了丰富的种类。

哺乳的演化

在白垩纪，哺乳动物也演化出许多类群，但在这个时候，它们还没有占据统治地位，等恐龙灭绝以后，哺乳类动物才获得了较快的演化。

知识小笔记

白垩纪末期，地球上的生物经历了又一次重大的灭绝事件，爬行动物中闯过此关而且残留至今的只有鳄类、龟鳖类、蛇和蜥蜴等少数几类。

孔子鸟的化石

鸟类的进化

鸟类是脊椎动物向空中发展取得最大成功的类群。白垩纪早期，鸟类开始分化，并且飞行能力及树栖能力比始祖鸟大大提高。我国古生物学家发现的著名的“孔子鸟”就是白垩纪早期鸟类的代表。

No.005

岁月的痕迹——珍贵的恐龙化石

在人类出现以前，恐龙就已经灭绝了，没有人见到过活的恐龙。今天我们所知道的有关恐龙的一切都是从恐龙化石得来的。恐龙化石大多保存在沉积岩中，并且化石的出露也是有一定规律的。科学家们就根据恐龙化石来探索有关恐龙的秘密。

掩埋

恐龙死去后，它的尸体很快被沉积物或泥沙覆盖。这些沉积物中含有细小的颗粒，会在尸体表面形成一层松软的覆盖物。这条“毯子”可保护恐龙的尸体免受食腐动物的侵袭，也可隔绝氧气，抑制微生物的分解。

→许多化石都被保存在沉积岩中，右图为挖掘化石时所使用的工具。

石化过程

恐龙的骨骼和牙齿等坚硬部分是由矿物质构成的。矿物质在地下往往会分解和重新结晶，变得更为坚硬，这一过程被称为“石化过程”。随着上面沉积物的不断增厚，遗体越埋越深，最终变成了化石。

错综复杂的化石

恐龙专家在发掘现场所看到的恐龙化石同博物馆里陈列的恐龙化石完全两样，在大多数情况下，不同骨骼会错综复杂地堆在一起，而且大块的骨骼往往碎成几块或发生变形，需要恐龙专家把它们分类、拼接、复原。

知识小笔记

将一块块恐龙化石拼凑成一个完整骨架，是一个非常复杂的过程，有时需要比在野外挖掘花费更长的时间。

科学家一般首先要找到这些恐龙骨架的重心，然后用钢柱固定在底座上。这样，一具完整的恐龙骨架才能呈现在我们眼前。

化石的类别

恐龙残体如牙齿和骨骼化石都被称为体躯化石；至于恐龙的遗迹（包括足迹、巢穴、粪便或觅食痕迹）则被称为生痕化石。这些化石是我们研究恐龙的主要依据，据此我们可以推断出恐龙的类型、数量、大小等情况。

恐龙的头骨化石

No.006

最有价值的“遗产”——恐龙公墓

在世界的一些地方，发现了大量恐龙遗骸集中埋在一处的现象，这就是“恐龙公墓”。恐龙公墓是一种自然现象，往往是恐龙生前突然遭遇某些自然灾难而被迅速埋葬形成的。恐龙公墓是恐龙时代留给今天的最有价值的自然遗产之一。

架设中的伯尼萨特禽龙骨骸

比利时伯尼萨特禽龙墓

1877 ~ 1878 年间，在比利时伯尼萨特的一个煤矿中，矿工在地层深处挖掘坑道时，发现了 39 只禽龙的化石，其中有许多骨架保存得相当完整。据科学家推测，这里曾经是一个峡谷，生活在附近的禽龙有时会被突发的山洪冲下深谷摔死并被沉积物掩盖，然后变成化石。

知识小笔记

恐龙公墓中的恐龙因尸骨埋得快，大量不同品种的恐龙会保持死亡瞬间的状态，所以墓中常保存有非常完整和比较完整的化石骨架。

四川自贡大山铺恐龙墓

1977 年，在我国四川省自贡市的大山铺，人们发现了埋藏丰富、保存完整的恐龙化石，大山铺因而被科学家形象地称为“恐龙墓”，目前已发掘的恐龙埋藏厅面积约 1 900 平方米，这还不到发现面积的 1/6。

美国古斯特的腔骨龙墓

1947年，在美国新墨西哥州一个叫古斯特的农场，发现了一个奇特的恐龙化石"万龙坑"，里面竟有数百只里奥阿拉巴龙的化石骨架，它们杂乱无章地堆积在一起，既有年老的又有年幼的。专家估计，当时它们一定遇到了某种突发性的灾难而死于此地。

1947年，人们在美国新墨西哥州发现了一个埋有大量腔骨龙化石的尸骨层。上图为腔骨龙的骨骼化石。

云南元谋恐龙公墓

2004年4月，考古学家在我国云南省的元谋县发现了一个恐龙化石群。数百条恐龙集中在一个不到30平方千米的地方，形成一个真正的"恐龙公墓"。这里化石的年代从侏罗纪早期一直到白垩纪早期，跨越了几千万年。

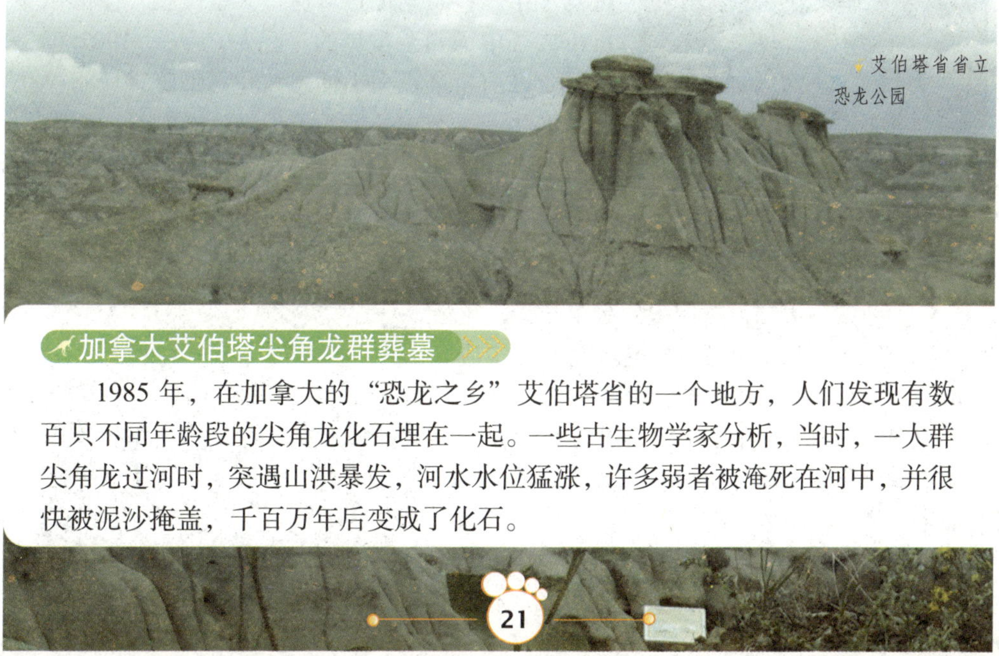

艾伯塔省省立恐龙公园

加拿大艾伯塔尖角龙群葬墓

1985年，在加拿大的"恐龙之乡"艾伯塔省的一个地方，人们发现有数百只不同年龄段的尖角龙化石埋在一起。一些古生物学家分析，当时，一大群尖角龙过河时，突遇山洪暴发，河水水位猛涨，许多弱者被淹死在河中，并很快被泥沙掩盖，千百万年后变成了化石。

No.007 再现辉煌——世界恐龙博物馆

我们大多数人都是通过博物馆里的展览和电影、电视中的镜头来认识恐龙的。在世界上很多著名的自然历史博物馆中，恐龙总是占据显赫的位置。而且，有些恐龙博物馆本身就建造在恐龙的发掘现场，使参观者更有一种身临其境之感。

自贡恐龙博物馆展出的恐龙化石

自贡恐龙博物馆

自贡恐龙博物馆位于四川盆地南部的自贡市，近几十年来，恐龙化石从这里大量出土，使得自贡市成了中国乃至世界的“恐龙之乡”。1982 年 12 月，政府批准在大山铺恐龙化石埋藏现场修建恐龙博物馆。今天的人们可以在这个别具一格的场地，看到宏伟壮观的化石现场。

美国自然历史博物馆

位于纽约的美国自然历史博物馆与华盛顿特区的国家自然历史博物馆一起，并称美国最权威的恐龙博物馆。这两个馆内陈列着众多美国各地出土的恐龙化石，霸王龙化石、梁龙化石、三角龙化石、异特龙化石等都是真正的化石标本。

美国自然历史博物馆

加拿大蒂勒尔古生物博物馆

加拿大蒂勒尔古生物博物馆贯穿美国和加拿大的落基山脉，这里盛产恐龙化石。博物馆于1985年建成，这里陈列着剑龙、霸王龙、鸭嘴龙、三角龙等各种恐龙化石。

蒂勒尔古生物博物馆是世界上最大的古生物博物馆，收藏着世界上最多的恐龙标本，每年来自世界各地的参观者多达50万人。

剑龙复原图

俄罗斯古生物博物馆

俄罗斯古生物博物馆是一座堡垒式的建筑。馆内不仅有丰富多样的恐龙化石，还有多种爬行类怪兽陈列其间，如狰狞鳄龙、瓶蜥龙、乌尔莫龙等，它们与探险队从戈壁沙漠中挖掘出来的霸王龙相映成趣，成为博物馆中靓丽的景观。

英国自然历史博物馆

位于伦敦的英国自然历史博物馆是欧洲大陆首屈一指的恐龙博物馆。这个馆具有现代展示中心的许多特点，能够把影像和电动模型结合到展示中去，给参观者们一种全新的体验，仿佛是一个局部的“侏罗纪公园”。

英国自然历史博物馆

恐龙家族揭秘

恐龙是中生代最活跃、最繁盛的爬行动物，它们拥有非常庞大的家族。恐龙的种类不同，体形和习性相差也大。大一些的比几十头大象加起来还要大;小的，却跟一只鸡差不多大。就食性来说，既有温顺的素食者，也有凶暴的肉食者……而所有这些关于恐龙的秘密都是科学家通过研究恐龙化石而获得的。

No.008

“恐怖的蜥蜴”——“恐龙”的来历

虽然恐龙化石已经在地球上存在了数千万年，但直到 19 世纪，人们才知道地球上曾经有这么奇特的动物存在过。第一个发现恐龙化石的是一位名叫吉迪昂·曼特尔的英国医师，而创立“恐龙”这一名词的是英国古生物学家理查德·欧文。

最初的发现

1822 年，英国的吉迪昂·曼特尔医师的妻子在一些岩石中发现了一些类似动物牙齿的奇怪石头。曼特尔将这些化石送给当时的法国古生物学家居维叶进行鉴定。居维叶鉴定认为牙齿是犀牛的，而骨骼是河马的，年代也不太古老。

第一个发现恐龙化石的人——曼特尔和他的妻子

曼特尔于 1822 年发现的恐龙牙齿化石

曼特尔的研究

曼特尔对动物的牙齿十分熟悉，所以他并不认同居维叶的观点。于是，曼特尔收集了更多的化石进行研究，最终，他认为自己所发现的牙齿化石，属于一种古代已经绝灭的爬行动物。

知识小笔记

1884 年，理查德·欧文退休时被晋封为巴斯勋位爵士。他退休之后在伦敦大英博物馆任职，一直致力于将博物馆向普通群众开放。

欧文的发现

后来，这种动物化石又陆续有所发现。1841年，英国古生物学家理查德·欧文对当时已发现的9种大型古代爬行动物的化石做了总结性的研究，他独具慧眼地发现这些动物不仅体型巨大，而且肢体和脚爪有些像大象一样的厚皮哺乳动物，与其他爬行动物的情形不同。

↑生物学家理查德·欧文和他的恐龙化石

巨大的成就

理查德·欧文还是英国著名的动物学家。1846～1854年，他相继发表了《英国化石哺乳动物和鸟类的历史》《英国化石爬行动物的历史》等书。1854年，欧文还在伦敦的水晶宫里复制出第一批等大的恐龙模型，向广大群众普及古生物知识，引起人们强烈的兴趣。

↑1853年年末，欧文等人将禽龙复原后，在这里举行了新年宴会。

“恐龙”的诞生

发现这些化石的特点后，欧文决定给这种古生物取一个名字，以便与其他类似动物相区别。他把希腊字Dinos和Sauros组合起来，于是“恐怖的蜥蜴”一词便随之诞生了。由于这类动物形状像蜥蜴，体型都很庞大，令人恐怖，我国古生物学家把它译成“恐龙”。

No.009

探秘中生代——什么是恐龙

恐龙是一群生活在中生代的霸主，它们拥有一个非常庞大的家族，并且统治地球约 1.5 亿年之久，当时，所有的动物都无法与它们对抗。古生物学家通过对恐龙化石的研究，将其分为蜥臀类和鸟臀类。

自然环境

当时，地球的气候温暖湿润，遍地都是茂密的森林，森林里居住着各种各样的动物，所以，不论是吃植物还是吃动物的恐龙，都有享受不尽的美食。

知识小笔记

兽脚类恐龙都是肉食性恐龙，霸王龙是其著名代表。鸟脚类恐龙是鸟臀类中、甚至整个恐龙大类中化石最多的一个类群。

恐龙的体型

因为有了良好的生活环境，恐龙们一般都长得巨大无比。据推测，最大的恐龙有 30 米长，体重达 50 吨，就是用现在的公共汽车也拉不动它们。当然，也有小一些的恐龙，像细颚龙全长才 70 厘米，重 3 千克，跟我们见到的鸡差不多大。

细颚龙比大多数恐龙都长得秀气

恐龙一般将蛋产在比较隐蔽的地方，以防止其他恐龙的偷吃和破坏。

恐龙的习性

恐龙属脊椎动物爬虫类，脑袋要比身躯小得多，它们的眼睛长在脑袋的两侧，嘴巴伸得长长的，在庞大的身躯上还连接着四条腿和一个尾巴。有的以两条腿走路，有的以四条腿走路；有的吃植物，有的吃动物。所有的恐龙都将蛋产在陆地上。

分类

蜥臀类恐龙又分为：古脚类、蜥脚类和兽脚类。鸟臀类恐龙分为：鸟脚类、剑龙类、甲龙类、角龙类和肿头龙类。古脚类是小型至中型恐龙，它们身体较粗壮，我国云南发现的著名的禄丰龙就属于古脚类恐龙。

禄丰龙因发现于我国云南省的禄丰县而得名，它也是在我国发现的第一具完整的恐龙化石。

No.010

未解之谜——恐龙的起源

地球诞生已经有46亿年的历史了，在这漫长的发展岁月里，不断地有新生物演化出来，也不断地有旧生物被淘汰出局。在所有的这些生物中，恐龙无疑是最令人关注的。而关于恐龙的起源也一直是一个未解之谜。

槽齿类动物

槽齿类动物诞生于古生代的二叠纪末期，到了中生代的三叠纪早期就灭绝了。由于它们的牙齿长在颌骨的齿槽里，所以得名槽齿类。早期，槽齿类动物多为一些小型的肉食动物，体长约1米，长着三角形的头，吻端尖而长，前肢短后肢长，身体结构轻巧。

二叠纪末期的槽齿类动物

槽齿类动物的头骨化石

不断演化

槽齿类动物中较为活跃的一部分成为当时具有竞争力的动物群体，它们在不断进化过程中演化出了恐龙、翼龙以及鳄类等爬行动物，其中，鳄类的后裔至今还存活在地球上。

杨氏鳄

在槽齿类动物进化为恐龙这一观点之前，还有一种观点认为，恐龙及现生爬行动物的共同祖先是像蜥蜴一样的小型动物，名叫“杨氏鳄”，约30厘米长，走起路来摇摇晃晃，靠捕捉虫子为生。

杨氏鳄所属物种想象图

演化分支

杨氏鳄的后代明显分出两支，一支是继续吃虫子的真正的蜥蜴，另一支是半水生的早期类型的初龙，初龙与恐龙有较为可靠的亲缘关系。

知识小笔记

目前发现的最早的恐龙化石来自于阿根廷安第斯山距今约2.25亿年前的三叠纪地层中，它们是“埃雷拉龙”和“始盗龙”。

初龙复原图

恐龙的出现

不过，早期的初龙类动物身体条件尚不完善，不太适应陆地生活，其大部分时间还是生活在水中，以免受到别的动物的惊扰。一旦身体结构更加完善，真正的恐龙便出现了。这类新的、富有生气的动物在陆地上向似哺乳动物发起了进攻。

初龙的牙齿已经开始进化

No.011

惊天巨变——恐龙的进化

恐龙从诞生以来，就一直在不断地进化，以适应各种自然环境的变化。科学家研究发现，全部恐龙的类群，在进化上都伴有体型增大的趋势。整个中生代的恐龙进化是一个相互竞争、相互依存、优胜劣汰的过程。

骨质保护层退化

目前已知的最早的恐龙，除了埃雷拉龙和始盗龙以外，还有一种叫做鸟鳄龙的恐龙。它是大型肉食恐龙的祖先，它的子孙在起初的进化上除了体型增大外，还渐渐出现了类似蜥蜴的坚硬鳞片，以取代骨质保护层。

埃雷拉龙复原图

伤齿龙的脑容量比例是恐龙中最大的，它们是白垩纪晚期最聪明的恐龙。

爪子的变化

一些小型的肉食恐龙往往具有更强的攻击性，它们的牙齿尖利，尾巴细长，后肢长且纤细，前肢上生着灵巧的爪子，可以有力地抓捕猎物。在漫长的进化过程中，小型肉食恐龙一直保持着较长的爪子，而大型肉食恐龙的长爪子随同前肢的减小而逐渐变短。

蜥脚类恐龙

派克鳄是槽齿类动物中最著名的代表，蜥脚类恐龙就是派克鳄的祖先演化而来。最早的恐龙都是肉食恐龙，而素食恐龙的出现可能是因为它们的祖先在吃别的动物的时候还吃一些植物来弥补食物不足，由杂食最后慢慢转变为纯粹的素食恐龙。

知识小笔记

科学家研究发现，恐龙实际上包括两类很不相同的古代爬行动物，这两类恐龙的亲缘关系，甚至还不如蜥蜴和蛇亲密。

派克鳄复原图

恐龙演化的高峰期

佛罗纪也成了恐龙演化的高峰期，多数恐龙都有巨型化的发展趋势，尤其以蜥脚类恐龙的发展最具特色。它们由三叠纪两足或四足行走的恐龙演化而来，又为了承受不断增加的体重而被迫回归到四足行走，随着时间的推移，它们的体型更加巨大，直到最后成为地球上体型最庞大的爬行动物。

侏罗纪是恐龙发展的巅峰时期

No.012

温馨的家——恐龙的栖息地

中生代的气候和环境为恐龙营造了良好的生活环境，恐龙兴盛起来以后，就成为了整个陆地上的霸主，占据着最为优越的生活环境。恐龙也是地球上出现过的最大的陆地爬行动物，陆地就是它们的家。

在高大乔木的庇护下，素食性恐龙自在地徜徉于森林中，这里不仅有充足的食物，还有足够的水源。

蜥脚类恐龙的家

蜥脚类恐龙的家园在辽阔的冲积平原上那些茂密的森林中，高大的乔木给它们提供着充足的食物。它们健壮的四肢足以撑起庞大的身躯，脚掌上厚厚的肉垫让它们完全可以适应坚实的地面。

note 知识小笔记

由于恐龙的栖息地往往具有非常繁盛的植被，所以在恐龙化石大量发现的地方有时会发现大量的石油、煤炭和天然气。

藏身于丛林之中，不仅是素食恐龙躲避危险的方式，而且也是肉食恐龙在捕猎过程中的一种手段。

平原上的家

兽脚类恐龙也生活在冲积平原上，因为这里生活着数量庞大的素食恐龙，这些素食恐龙就是兽脚类恐龙最好的食物。而有些体型较小的兽脚类恐龙逐渐成为杂食恐龙。它们不仅可以吃肉，也可以取植物为食。因此，它们喜欢栖息在相对安定的高地。由杂食最后慢慢转变为纯粹的素食恐龙。

鸭嘴龙复原图

沼泽地带的家

鸟脚类恐龙也有很多生存在陆地上，它们中还有一些非常善于奔跑的种类。而鸟脚类中的鸭嘴龙类是直到白垩纪才出现的优势种群，主要生活在沼泽地带。虽然它们善于在水中生活，但是多数时间都是在陆地上度过的。

水是所有动物生存的基本条件。恐龙也不例外，它们也像今天的动物一样常常生活在水源附近。

住在山坡上的恐龙

山坡上也居住着一些恐龙家族的成员，剑龙就是其中之一。它们喜欢在山坡的丛林中漫步，在干旱的季节，它们又会迁徙到靠近河湖或者海岸的沼泽地带，以那里的蕨类植物或者灌木枝叶为食物。

No.013

家族的繁衍——恐龙蛋

恐龙化石十分丰富，甚至南极和北极都发现过恐龙的踪迹。但是，和恐龙化石比起来，恐龙蛋化石却相当稀少。目前发现的最大恐龙蛋，估计刚刚产出时也就十几千克，如此巨大的爬行动物产下一个很小的蛋，可以说是一个很神奇的现象。

最早的发现

早在 19 世纪初，人们就在法国南部的白垩纪地层中发现了一枚恐龙蛋化石，但当时谁也说不准这是什么动物的蛋。直到 1922 年，人们才真正确定了这枚蛋的身份。从此，人们才知道了恐龙是一种卵生动物，它们的幼仔都是从卵里孵化出来的。

有慢龙蛋化石的巢穴遗迹

恐龙蛋的外形

科学家研究发现，恐龙蛋化石的形态有圆形、椭圆形、长椭圆形和橄榄形等多种形状。恐龙蛋化石的大小悬殊，小的与鸭蛋差不多，直径不足 10 厘米，而最大的直径超过 50 厘米。蛋壳的外表面光滑或具有点线饰纹。

蛋壳的厚度

如果恐龙蛋大小和恐龙体型成正比的话，那么蛋壳将会厚得让小恐龙无法孵化，所以，恐龙蛋壳有着合适的厚度，这样空气可以渗透进去，而细菌则进不去，小恐龙就在这样的一个环境里不断生长，直到可以走出蛋壳为止。

如何孵化

科学家认为侏罗纪的气温比较高，恐龙蛋只要被放在有树叶或土壤保温的地方就可以孵化出来，恐龙不必像鸟儿那样还要用自己的身体来孵化小恐龙。

一只破壳而出的小恐龙

珍贵的恐龙蛋化石

震惊世界的发现

1993 年，科学家在我国河南省西峡县发现了大批恐龙蛋。在这以前，人类总共才发现了 500 多枚恐龙蛋化石，而这次西峡出土的恐龙蛋多达 5 000 多枚，没有出土的估计还有上万枚。一时间，世界都为之震惊。

No.014

家族的兴旺——恐龙的成长

影响恐龙成长的因素很多，如气候、食物等。在食物充足的情况下，一些恐龙的体型往往较大；而食物不充足的情况下，恐龙的体型往往较小。因此，充足的食物是保证恐龙正常成长的必须条件之一。

蛋生动物

作为蛋生动物，恐龙的成长的确和龟鳖类以及鳄鱼有些相似的地方。恐龙胚胎在恐龙蛋中透过羊膜和蛋壳表面的气孔吸入氧气，排出二氧化碳，以恐龙蛋中的卵黄（就像是鸡蛋黄一样的物质）为养料成长。

知识小笔记

虽然科学家已经发现了很多的恐龙蛋化石，但是目前为止还没有人可以准确判断出恐龙蛋到底要孵化多久才能有小恐龙出世。

小恐龙在恐龙蛋内逐渐成长起来，当它长到足够强壮的时候就必须努力顶开蛋壳，否则便会死在狭小的恐龙蛋里。

恐龙蛋是恐龙幼崽成长的地方，同时也是它们的坟墓。如果没有足够的能力顶开蛋壳，它们就失去了来到中生代的机会。

慈祥的母亲

人类经过考察，发现一些恐龙有孵蛋的习惯，一种鸭嘴龙类的恐龙还经常像鸟类一样给自己的幼崽喂食，像慈祥的母亲一样照料柔弱的小恐龙，所以科学家叫它慈母龙。当小恐龙成长到有独立行动能力的时候，它们还是习惯于跟随母亲一同散步和捕食。

恐龙托儿所

科学家在我国辽宁省境内发现一处奇异的恐龙化石群，其中清楚地显示，在一只成年的“鹦鹉嘴龙”身边共有34只未成年的恐龙幼崽依偎在周围。根据科学家推断，这里很有可能是一个恐龙的托儿所，就像今天的企鹅等动物一样，由群体里的几只成年恐龙负责照顾幼年恐龙，其他恐龙负责捕食。

外貌的变化

很多恐龙刚出生的样子和成年恐龙都有很大的差距，年幼的霸王龙就像是一只身材庞大的小鸡，甚至有人认为它们刚孵化出来的时候浑身布满绒毛；也有些恐龙的幼崽在很短的时间里就可以发育成与成年恐龙相仿的体貌特征，比如三角龙。

三角龙很注意看管自己的巢穴，随时准备驱赶那些“非法入侵者”。

No.015

恐龙王国中的巨人——庞大的恐龙

从地球上出现生命以来，恐龙应该是我们发现的最大动物了。在恐龙家族的发展历程中，除了少量的恐龙维持小型化的体型以外，其余恐龙的体型都在持续增大，一些体型庞大的蜥脚类恐龙逐渐成为恐龙王国中的巨人。

蜥脚类恐龙

从现在的恐龙化石上我们可以看到很多恐龙都有一个庞大的身躯，它们的四条腿像巨大的柱子一样支撑着自己的身躯。尤其是蜥脚类恐龙是地球上生存过的最大的陆生动物。它们出现于三叠纪，在侏罗纪达到鼎盛，进入白垩纪开始衰落。

梁龙

庞大的身躯

其中产自侏罗纪晚期和白垩纪早期的雷龙、梁龙和腕龙最为有名，它们身长达到 30 米，体重可达 80 吨。1986 年，在美国新墨西哥州发现的震龙更加巨大，这个来自侏罗纪晚期的大家伙有 42 米长，体重据推测可以达到 100 吨。

长颈鹿的叹息

优雅、高大的长颈鹿是现在陆地上最高的动物，不过，如果它能看到恐龙的话，可就自叹不如了，因为两个长颈鹿垒起来，才和一头腕龙一样高。有的恐龙化石只被发现了一部分，但是这一小部分也足以让我们吃惊了，比如一种恐龙的肩胛骨就有近 3 米长。

腕龙

震慑敌害

恐龙庞大的身躯可以震慑敌害，保护自己。在当今的动物世界，一个肉食动物面对比自己大 4 倍的猎物就显得无可奈何了。

两只长颈鹿的身高垒起来才和腕龙一样高，可想而知腕龙是多么庞大。

惊人的体重

体重上恐龙也不输给任何动物，现在我们知道陆地上最重的动物是大象，而十几头大象的重量才和一头腕龙一样，而腕龙还不是最重的恐龙。超龙的体型比腕龙还大 1/3，生前可能有 20 头大象那么重！

No.016

恐龙王国中的小个子——小巧的恐龙

恐龙家族中确实有许多令人恐怖的庞然大物，但是也有一些小巧可爱的“小家伙”。它们是恐龙世界中的另类，它们虽然不像那些庞大的巨兽那样让人震惊和瞩目，但是也吸引了古生物学家的注意！

嗜鸟龙属于小型恐龙，它就像小型的矮脚马那么大。

生存的强者

庞大的恐龙家族中也有一些小不点，虽然个头不大，但“人丁兴旺”，因为长得小巧，它们更能适应环境的变化，尤其是在一些被海洋包围的岛屿上，这些小恐龙可是生存的强者。

知识小笔记

中国猎龙是一种生活在1.3亿年前的一种小型恐龙，它的嘴里生长着许多细小的牙齿，身体长度不足1米，两只细长有力的后腿使它能以很快的速度奔跑。

身手敏捷的捕猎者

看似安全、友善的小恐龙其实很多都是残忍的猎手，它们几乎都是依靠两条腿跑动的，而且身手敏捷。它们每天的主要工作就是寻找食物，不过它们的猎物都是比它们还要小的动物。

最小的恐龙化石

古生物学家在南美洲的阿根廷发现了现在最小的恐龙的化石，这只恐龙和一只老鼠大小差不多，因此被称为鼠龙，不过有一些古生物学家认为这只是幼小的恐龙而已。

鼠龙复原图

美颌龙复原图

最小的恐龙

目前人类发现的最小的恐龙叫美颌龙，我们也叫其细颚龙，这种恐龙非常小巧，一只成年的美颌龙站起来的高度才能达到成年人的膝盖。它们经常三个一堆、五个一群地捕食比自己大得多的动物。

北美最小的肉食恐龙

在加拿大一家博物馆收藏有一种“迷你”恐龙的骨骼化石。科学家推测，这种恐龙 7 500 万年前生活在艾伯塔南部的沼泽和丛林地带，成年后体重在 1.8 ~ 2.2 千克之间，为北美地区迄今发现体型最小的肉食恐龙。它们可能猎食昆虫、小型哺乳动物、两栖动物，甚至幼年的恐龙。

似鸟龙也属于体型较小的恐龙

No.017 功能多样——长长的脖子

在绘画和影视作品里，我们常常可以看到这样一类恐龙，它们的脖子特别长，几乎可以占到身体的一半。科学家研究发现，这个长长的脖子里有很多重要的组织，比如呼吸的气管和向大脑供血的血管等，而且长脖子也是这类恐龙生存下来的重要保证。

弯曲的脖子

考古学家们发现，几乎每一种动物都会尽量保持脖子垂直，并呈现 S 形曲线。单独分析恐龙骨骼也发现，它们的脖子应该是与地平线垂直的。蜥脚类恐龙的头应该是高高扬起的，它们的脖子则像天鹅的脖子一样，是弯曲的。

长长的脖子使恐龙能吃到大树顶端的叶片，这种觅食本领完全靠它们强壮、轻巧、柔软又可弯曲的颈部，才可能办得到。

特殊的身体特点

对于恐龙垂直脖子行走的观点，有些科学家提出异议，如果蜥脚类恐龙昂头行走，那么它需要有一颗两吨重的心脏，才能保证血液可以输送到其头部，可这根本不可能。而另一些科学家则认为，蜥脚类恐龙可能有与长颈鹿类似的身体特点，只是我们不知道而已。

知识小笔记

关于恐龙的长脖子又有一个假说：这些巨兽的主要生活环境是在水里，长脖子的作用正是为了呼吸。

侏罗纪的素食恐龙叉龙

平衡器

科学家推测，一些恐龙在奔跑时，脖子会和身体一起运动，不至于在奔跑时忽然摔倒。所以，长长的脖子还是很好的平衡器。

最长的脖子

2007 年，巴西和阿根廷科学家历时 7 年，在阿根廷挖掘出一具素食恐龙的巨型骨架化石，这是迄今为止发现的最大恐龙。科学家们说，它可能属于一种未知的恐龙种类。这只恐龙的颈部就长达 17 米，可能生活在距今约 8 800 万年前的白垩纪晚期。

特别的武器——恐龙的犄角

在今天的地球上生活着一类奇特的动物，它们的头上都长有特角，比如鹿、角马和野牛，这些角是它们重要的防身武器。恐龙家族中也有这类成员，它们都被归入角龙类，它们的形象也常常被人类搬上银屏，成为出色的电影明星。

古老的角龙

早在 1.3 亿年前，角龙就出现在地球上了，不过这时候角龙的犄角还不是很明显。随着时间的推移，角龙的头颅间以及鼻子上逐渐演化出了尖角。它们和现在的犀牛很像：体型粗壮，以四肢行走，而且都是素食动物。

知识小笔记

角龙的化石往往成群地被发现，可见它们生前有群体生活的习性，可能也会成群结队地对抗肉食性恐龙。

三角龙的头部几乎占了身长的 1/3，它的面骨就像一个盾牌，在这个坚固的面骨上长着三个坚硬的角，这是角龙类恐龙中最特别的犄角。

三个奇特的犄角

粗壮的角

角龙的角粗壮而有力，它的角和一个成年人的胳膊一样粗，由坚韧的角质组成，非常坚固，即使成为了化石，角龙的角看起来都非常锋利。

角龙之王

在演化过程中，角龙类恐龙的犄角有越来越突出的趋势，其中以三角龙最为明显，因此它被称为角龙之王。三角龙是活到最后大灾难到来的恐龙之一，它们在地球上大约存在了 300 万年，最后在物种大灭绝的灾难中消失。

正和肉食恐龙对峙的角龙

防御的武器

三角龙三个犄角中的两个长在额头，就像野牛的角一样，而另外一个短角长在鼻梁上，就像犀牛一样。当三角龙被激怒时，会像犀牛一样撞向敌人，用自己坚硬的尖角来袭击敌人。

生存法宝——恐龙的爪子

No.019

恐龙锋利的爪子和指甲同牙齿一样，也是不容易腐烂的部分，它们保存完好，久而久之就变成了化石。恐龙爪子的化石告诉我们恐龙生活的方式。恐爪龙是恐龙时代最厉害的爪子杀手，它跑起来快如疾风，攻击时凶猛无比。

巨大的爪子

大个子的恐龙自然也有巨大的爪子，有些恐龙的脚掌差不多和一个成年人一样大，这样大的脚使恐龙能够稳稳地奔跑和站立。

知识小笔记

1965 年，在戈壁沙漠中，人们发掘了一种恐龙，仅挖掘出来的前臂与前指部分的骨骼伸长可达到 3 米，每一只爪子长达 20 ~ 30 厘米。

锋利的爪子和牙齿是肉食恐龙生存的基本保证

猎杀的利器

猎杀其他动物的恐龙，通常具有鹰爪般窄小而尖锐的弯爪。它们的爪子可以像刀子般牢牢叉住猎物，让猎物无法逃脱。同时，爪子也是抓伤或杀死猎物的利器。

尖锐的前爪

许多肉食恐龙都有一对有力的前爪，当它们捕食猎物的时候，就可以用自己的爪子来抓住猎物，不过，它们的爪子远没有猴子的手灵活。

和恐龙的爪子比起来，猴子的爪子灵活得多。

多用途的爪子

因为不需要猎杀动物，素食恐龙的爪子不是非常锐利。它们的爪子比较宽平、粗糙强韧，具有多种不同用途，如行走、刮取或挖掘食物。有时，素食恐龙如蹄般的爪子可以作为防卫武器，用来挥打攻击它们的肉食恐龙。

素食恐龙往往拥有庞大的身躯，因此它们的脚印化石很大。

爪子杀手

恐爪龙是一种可怕的动物。它的后肢第二趾的趾端有镰刀般的巨大爪子，而且长长的前肢还各有三个带爪子的指头。在进攻的时候，恐爪龙双腿腾跳，就像挥舞着两把锋利的镰刀，所向无敌，其长长的尾巴还可以帮助它保持身体平衡。

No.020 生存的保障——恐龙的眼睛

尽管恐龙的化石中几乎不可能出现眼睛，但我们仍然相信恐龙拥有比较高级的眼睛，因为它们是地球上生活过得最成功的物种。由于资料缺乏，人类对恐龙的眼睛的了解非常有限，只能凭借自己丰富的经验来猜测其奥秘。

判断视力的标准

判断动物的视力好不好，大体有两个标准，一是眼睛大小，眼睛大视力好，眼睛小视力差；二是两眼的位置，素食动物的眼睛长在头部两侧，其视野广阔，能及时发现各个方位的敌人；肉食动物的双眼距离较近，判断目标的距离准确迅速，利于捕食猎物。

阿根廷鹫龙是似鸟龙的一种，它有一双敏锐的大眼睛。

知识小笔记

人类对恐龙眼睛的颜色也只是凭着经验猜测，也许它们有着一对黄褐色眼睛，或者灰色、黑色都有可能。

人们的猜测

科学家认为，有些恐龙是在晚上捕食的，这说明它们的眼睛具有更复杂的结构，能够在昏暗的晚上看清楚周围的一切，不过，这些猜测还没有得到证实。由于恐龙和鳄鱼曾处于同一时代，人们同样推测恐龙具有眼皮，它也可以闭上眼睛。

似鸟龙

猎手的视力

现在科学家大多认为肉食恐龙的视力要好一些，为了猎捕足够的食物，它们的眼睛要快速清晰地发现目标，而且要能大致上判断目标的位置，这样狩猎才会成功。在肉食恐龙中，尤以恐爪龙、似鸟龙和窄爪龙等的视力最好。

鸭嘴龙

鸭嘴龙的眼睛

由于鸭嘴龙没有坚硬的铠甲和防身用的武器，它们只能依靠明锐的观察能力及时发现危险，然后迅速逃离。因此，它有一双很大的眼睛，眼睛周围有一圈能活动的骨质的巩膜板，其作用如同照相机的光圈，眼睛的位置又很靠后，所以鸭嘴龙的视力相当好。

甲龙是恐龙家族中的近视眼

不同的视力

体型较大的蜥脚类动物的视力可能比较差，但是它们可以通过用长脖子把头高高举起，以获得更为广阔的视野。剑龙类和甲龙类的眼睛相对较小，它们的视力更差。这可能与它们头部低矮，长期生活在视野较窄的环境有关。

No.021

形形色色——恐龙的牙齿

在动物界里，各种各样的动物拥有形状功能各异的牙齿。总的来说，肉食动物的牙齿相对尖利一些，而素食性动物的牙齿就相对平整，像磨盘一般。恐龙也具有这样的特性，我们可以通过恐龙化石上的牙齿来判断恐龙的食性。

肉食恐龙的牙齿

牙齿的分类

恐龙的牙齿可以分为四种基本形态：匕首状齿、勺状齿、棒状齿和叶状齿。其中，匕首状的牙齿适合于撕碎猎物，并把大块肌肉撕成碎片吞下；其余形状的牙齿都比较圆钝或者细小，只适合于切割或者磨碎植物。

知识小笔记

似鸟龙是不长牙的恐龙，与恐龙血缘密切的鸟类也没有牙。其实它们原来都是长有牙齿的，只是后来退化了。

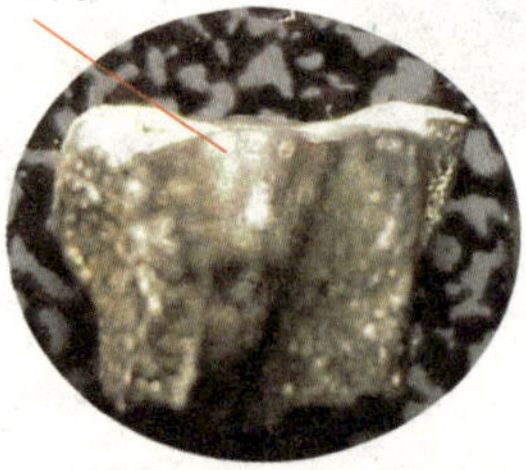

素食恐龙牙齿

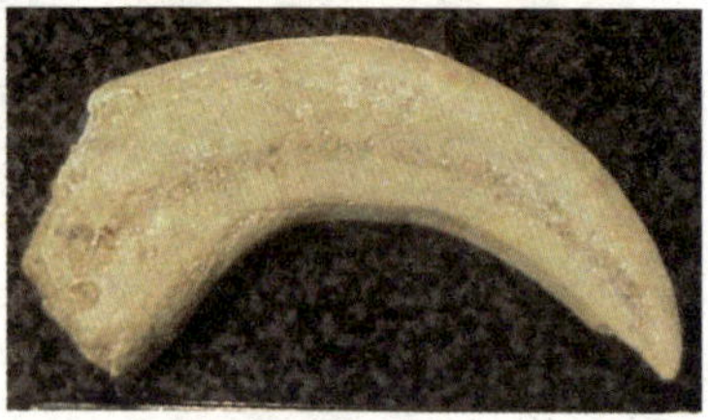

不同的恐龙牙齿

同型齿

所有嗜杀成性的大型肉食恐龙都长有非常厉害的牙齿。这些牙齿的形状全都一个样，只是大小略有不同，科学家称它为“同型齿”。吃植物的恐龙也长着同型齿，但不像肉食恐龙那么尖锐锋利，它们往往都是粗略地咀嚼以后便将树叶吞咽下去，然后通过胃石来磨碎食物。

凶猛的霸王龙

霸王龙

霸王龙的大嘴巴里参差不齐地长着很多巨大的、匕首般的尖牙利齿。牙齿微向后弯，边上呈锯齿状，最大的足有 20 厘米长。霸王龙的牙齿清楚地表明，它是一个凶猛的肉食恐龙。它吃起肉来不嚼，而是将大块的生肉整个吞下。

恐龙等爬行动物的牙齿生长，总是不断更新，老牙磨光了，新牙就来接班，一生要换好几次牙。

No.022

奇怪的化石——胃石和粪化石

科学家在发现恐龙骨架化石的地方偶尔会发现一种圆圆的卵石。在侏罗纪和白垩纪的各类恐龙骨架内，也发现了这种磨光的石头，这就是胃石，是蜥脚类恐龙消化食物用的。而粪化石是恐龙粪便形成的化石，它们都是科学家研究恐龙的珍贵资料。

“秘密武器”

有些恐龙没有牙齿，或者它们的牙齿比较钝，必须靠胃石来消化食物。于是，它们就会吞下石块放在胃内，通过胃部肌肉的运动，使这些石块互相摩擦，把食物碾碎成黏稠的糨糊状。有了胃石这个“秘密武器”，恐龙就不怕每天吞下成吨食物无法消化了。

note 知识小笔记

如果想鉴定粪化石是否为恐龙的粪便，最理想的就是看粪化石是否与恐龙骨骼一起发现，或者找到的粪化石非常大，因为只有恐龙才能排出那么巨大的粪块。

恐龙的胃石

选择胃石

许多鸟在寻找胃石时宁愿舍近求远，去寻找硬的石头。恐龙选择胃石时，可能也很挑剔。已发现的一些恐龙的胃石原料大多出自恐龙死亡地点几千米以外的地方。如南非发现的生活在侏罗纪长约 4 米的蜥脚类大脊椎龙的胃石至少是从 20 千米以外寻觅来的。

素食恐龙的胃石

胃石普遍存在于素食恐龙的胃中。如人们在北美洲发现的重龙（生活在侏罗纪晚期的蜥脚类恐龙，长约 20 米）肋骨处发现有 64 颗光滑的胃石。在蜥脚类和鹦鹉嘴龙的腹腔内，也都发现过胃石。

胃石可以帮助素食恐龙消化胃里的食物。左图为考古学家发现的恐龙化石以及胃石。

珍贵的粪化石

粪化石也是一种重要的恐龙遗物，由于粪便在一般情况下不容易形成化石，所以我们能发现的粪化石非常稀少。粪化石对研究古动物非常有意义。粪的形状与大小，直接与动物消化道末端的结构有关，也可能与动物的食性有关，还可间接地反映该动物的生存环境。

粪化石也是一种重要的恐龙遗物，但我们能发现的粪化石却非常稀少。

肉食恐龙的粪化石

在印度某地白垩纪的地层中曾发现过 29 厘米长的粪化石，被认定是恐龙的。已经发现的恐龙粪化石大多为肉食恐龙的。这可能是由于它们的粪便表面富含磷酸盐，容易形成化石，而素食恐龙的粪便中则缺少这类物质。

No.023

肤色大猜想——恐龙的皮肤

恐龙的皮肤和许多软组织一样很难保存为化石。从发现的少数皮肤印膜化石来看，大部分恐龙具有与现在爬行动物相似的皮肤：粗糙坚韧的鳞甲或角质突起。许多学者还认为恐龙是色彩斑斓的动物，并具有伪装色。

岩石里的印痕

如果恐龙的皮肤在尚未腐烂前很快被埋住，皮肤表面的印痕就会留在岩石里。这些印痕显示，很多恐龙的皮肤上覆盖有鳞片。这些鳞片是细小的角质块状物，互相紧挤在一起，形成像拼图似的图案。

各种各样的皮肤

霸王龙类的肉食恐龙皮肤很粗糙，上面长有一排排高出表面的大鳞片。梁龙、雷龙、马门溪龙等蜥脚类恐龙的皮肤与蜥蜴近似，有颗粒状的鳞片，但比霸王龙平坦。角龙的皮肤有成排的、大而呈纽扣状的小瘤。

note 知识小笔记

世界上恐龙的皮肤化石发现得很少，而且都是印膜化石。迄今为止，除中国外，加拿大、蒙古、美国和英国也发现了恐龙的皮肤化石。

马门溪龙

色彩斑斓的动物

尽管恐龙皮肤的纹理和质感还有些证据可寻，它的颜色则纯粹是猜测了。有些恐龙以颜色互相辨认；有些恐龙把颜色作为炫耀自己的“本钱”，特别在配偶面前，更是不遗余力地显示自己漂亮的色彩。

鸭嘴龙是著名的恐龙之一

发现皮肤化石

1985 年，在我国四川省的自贡市发现了一具剑龙骨架。当时，科技人员在骨架的肩部发现了一对巨大的逗号状的骨棘，称为“肩棘”。1989 年冬天，科技人员在修整这具剑龙骨架左边的肩棘时，意外地发现了恐龙皮肤化石。

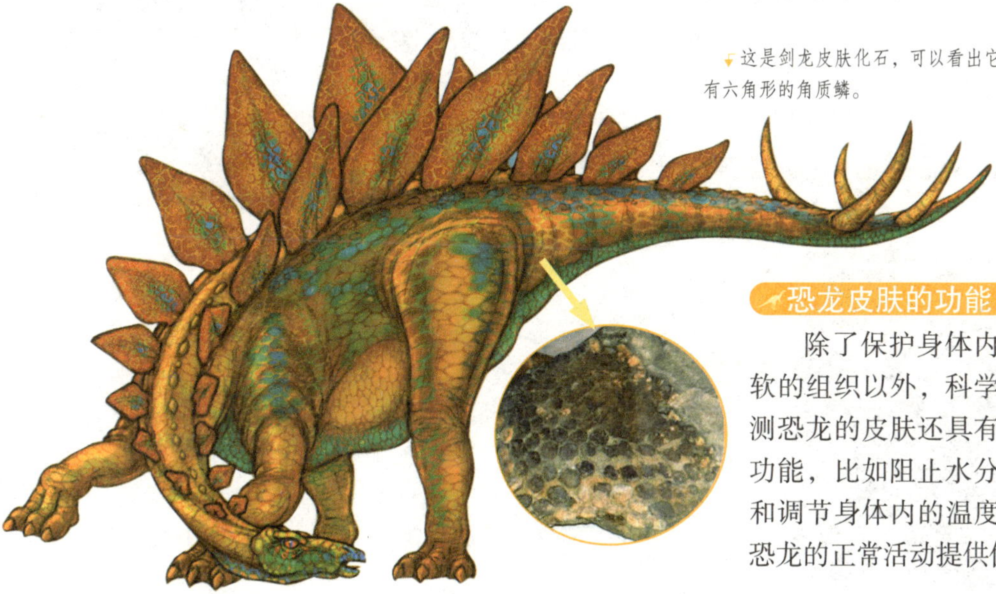

这是剑龙皮肤化石，可以看出它的表面有六角形的角质鳞。

恐龙皮肤的功能

除了保护身体内部柔软的组织以外，科学家猜测恐龙的皮肤还具有其他功能，比如阻止水分蒸发和调节身体内的温度，为恐龙的正常活动提供保障。

热血之争——冷血还是热血

No.024

恐龙是冷血动物还是热血动物？直到今天，人们还没有搞清楚这个答案。恐龙生活的时代，地球上水草繁茂，气候温暖湿润，和我们现在的生活环境有很大的区别，现在的我们只能从化石里寻找各种细微的证据，来考证恐龙的体温。

冷血动物

现在的一些爬行动物，比如鳄鱼、蜥蜴等，都是冷血动物，根据这些，一些科学家推测它们的亲戚——恐龙也很有可能是冷血动物。冷血动物的体温随着外界温度的变化而升降，可以节省体能的消耗，不需要有强有力的心脏维持血液循环。

喙头蜥出现在1.95亿年前，为蜥蜴科，至今仍然生活在新西兰，因此，喙头蜥有“活化石”之称。

科学家推测拟鸟龙可能为热血恐龙。左图为拟鸟龙的骨骼化石。

热血动物

20世纪70年代以来，不断有人否定恐龙是冷血动物的观点。其理由是从恐龙的骨骼结构上可以看出恐龙身上有不少与哺乳动物和鸟类类似的地方，还有从运动学等方面考察，恐龙应该是具有高度新陈代谢功能、可以维持体温的动物。

热血的原因

由于恐龙是直立行走的，不像龟、鳄、蜥蜴等爬行动物的匍匐式姿态，所以，灵活的行走方式使恐龙有了更大的活动量，也就需要更多的食物来补充体能。吃得多，必定要有一个良好的新陈代谢系统才能适应，这样才能让体内器官有足够的热量，并得以稳定体温。

龟是古老的爬行动物，它们属于冷血动物。

知识小笔记

最近的一些研究表明，恐龙的体型越大，体温越高。其中，小型恐龙的温度和现在的爬行动物一样是 25℃。

很难证明的“热血动物”

事实上，要证明恐龙是“热血动物”也很不容易。因为恐龙的脑子与其身体相比，显得特别小，这对于热血动物需要较好的灵活性来说，恐龙的速度太慢了，与哺乳动物的运动速度相比，恐龙只能算是慢性子了。我们所知道的那些行动灵活的恐龙只是恐龙大家族中的一小部分。

未解之谜

也许笼统地说恐龙是冷血还是热血有些不对，因为它们之中只有一部分是冷血，或者只有一部分是恒温的热血动物。因此，恐龙是冷血动物还是热血动物或许是要由一些特定的因素来决定。

科学家认为，一些恐龙往往要依靠白天炎热的阳光来提高自己的体温。

No.025

另类“武器”——腿和尾巴

人们根据恐龙腰部骨骼结构的差别，将恐龙分为蜥臀类和鸟臀类，鸟臀类的恐龙大多以双腿行走，而蜥臀类的恐龙则保持着以四条腿走路的方式。恐龙尾巴的形状也很不同，大小各异，都是为适应特定需求而进化出来的。

化石告诉我们的秘密

有一些恐龙只发现了腿骨的一部分，但是根据这些，科学家可以画出一个推测图，因为不同恐龙的腿骨都有各自的特点，并不一样，所以，一个有经验的古生物学家可以从化石上看出许多恐龙的秘密。

恐龙的腿骨化石

两条腿的恐龙

遗留下来的恐龙化石告诉我们，两条腿的恐龙的行走方式和我们人类差不多，都是两只脚交替向前迈进的，而不是像袋鼠那样向前跳跃。

许多恐龙都善于游泳。在水中时，它们用四只脚来划水。

形状各异的尾巴

恐龙除大部分是鞭状尾巴外，还有很多特殊形态的尾巴，像尾巴的末端有锤状、刺状的形态。马门溪龙和峨眉龙等大型蜥脚类恐龙是锤状尾、剑龙是刺状尾。发掘于我国境内的蜀龙尾巴上长着 4 只尖钉和一根棍棒 。

蜀龙的尾巴很特别

知识小笔记

一些个头较小、跑得比较快的恐龙尾巴刚硬，可以在奔跑时向后平伸，用来保持身体的平衡。

尾巴武器

甲龙的尾巴是棍棒形的，而且尾端有一个实心骨球。在遇到肉食恐龙时，这些尾巴上的武器也能够派上用场。梁龙的尾巴有 9 米长，是朝着尾端渐渐细下去的，可以像鞭子一样甩向伺机进犯的肉食恐龙。

甲龙尾巴上的实心骨球是甲龙最得力的武器

神秘莫测——身体内部

No.026

身躯庞大的恐龙要维持正常的生理运转，就要有完整的内脏，比如心脏、胃、大脑等，但是这些内脏很难变成化石保存下来。为了支撑高大的身体，恐龙的内脏必须足够强大，因此，古生物学家猜测恐龙的内脏具有许多奇特的性质。

恐龙的大脑

和自己庞大的身体相比，恐龙的大脑并不算大，所以有人认为恐龙很笨，但是恐龙能够统治地球长达 1 亿多年的事实足以说明它们的大脑具有足够的智慧。有的恐龙还具有两个脑子，比如剑龙和大型的蜥脚类恐龙就是这样。前后两个脑子分工合作，互相帮助。

剑龙有大象那样大，而头却小得可怜。它的脑子只有一个核桃那么大，重约 100 克，无法完成指挥全身的重任

剑龙的臀部脊椎异常膨大，里面容纳膨大的脊髓，称为神经球。这个神经球比真脑要大 20 倍，负责后肢和尾部的运动。

恐龙的心脏

大部分恐龙的身高有数米，它们需要一个强大的心脏来给自己的大脑输送血液。在美国南达科他州发现的恐龙心脏化石表明，恐龙的心脏与鸟类和哺乳动物的心脏相似,即心脏分为四个心腔,并与一根主动脉血管相连。

note 知识小笔记

2002 年，在美国蒙大拿州出土了一具 7 700 万年前的恐龙干尸，其肌肤纹理、胃中残留物及其他一些内脏保存完好。科学家指出，可以由此对恐龙形态及生活方式有更多了解。

强大的生理机能

恐龙的心脏与爬行动物结构比较简单的心脏大不相同，显示出恐龙生前具有独立的体循环和肺循环，其血液循环的效率比较高，肺功能很强大，血管和神经系统也应该非常发达，因而才能维持正常的生理需要。

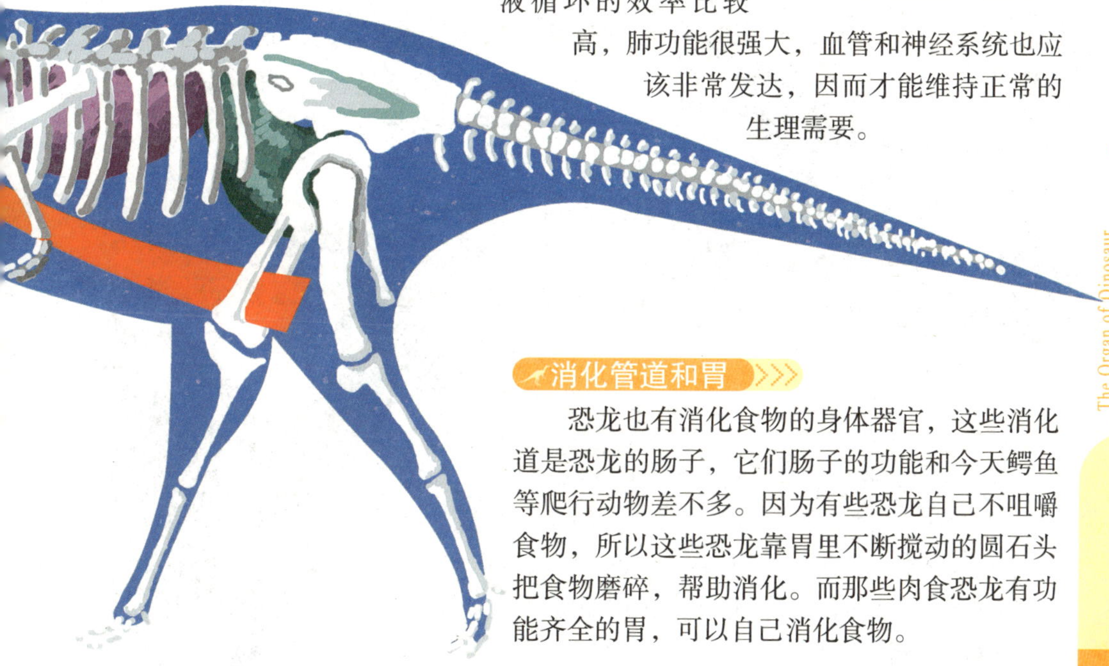

消化管道和胃

恐龙也有消化食物的身体器官，这些消化道是恐龙的肠子，它们肠子的功能和今天鳄鱼等爬行动物差不多。因为有些恐龙自己不咀嚼食物，所以这些恐龙靠胃里不断搅动的圆石头把食物磨碎，帮助消化。而那些肉食恐龙有功能齐全的胃，可以自己消化食物。

变化多端——恐龙的声音

大部分科学家都认为恐龙能发出叫声，所以，电影、电视里人们就用现代仪器模拟了恐龙的叫声。如果恐龙真会叫，那它们的叫声有什么用呢？科学家们推测，恐龙会利用叫声进行联络、预警、威胁敌人等。

兰伯龙

制造声音的能手

也许，很多恐龙都是制造声音的能手。比如，埃德蒙托龙有鼻囊，鼻囊胀大时就能发出低沉的叫声；兰伯龙的短柄斧形头冠里有管子，就像音箱一样能放大叫声；副龙栉龙头冠里有通气管，能让它在喘粗气时发出喇叭声。

模拟恐龙声音

科学家利用恐龙化石来制作恐龙的喉咙气管，再利用人工制作的软骨来复原声带，模拟肺部进出的通气量来让声带发出声音，同时也参考现代的鸟类、大型哺乳动物叫声。科学家曾模仿副龙栉龙的头骨造了一个模型，这模型还真的能吹出声音来。

各种各样的叫声

科学家们猜测，霸王龙也许能发出虎啸般的吼声，南美洲现生的宽吻鳄就能发出“如雷贯耳”的惊人鸣声。一些小型的兽脚类恐龙可能会发出像鸡、鸭、鹅、乌鸦那样粗俗难听的叫声。那些大个子的蜥脚类恐龙没有声带，可能是一些“哑巴”，顶多能像蛇那样发出“嘶嘶”声。

凶残的霸王龙的吼声一定令人毛骨悚然

鸭嘴龙的叫声

有人认为，头上长有棘突状饰物的鸭嘴龙，能发出一种类似西洋乐器那样的声音，因为在棘突中有弯曲的管道，能产生共鸣，发出声响。

鸭嘴龙或许能发出比较悦耳的声音

知识小笔记

一般来说，动物的嗓门大小取决于它的肺。恐龙的肺比较大，不过和现在的一些动物比起来，可能还算不上大嗓门。

警告的嚎叫

当一只恐龙遇到危险的时候，它会嚎叫，向其他同伴发出警告，告诉它们敌人来了，做好防御的准备，但是到今天，我们并不知道它们的警告声和其他声音有什么样的区别。

No.028

食量惊人的大块头——素食恐龙

很多人以为恐龙全是可怕的肉食动物。其实，许多恐龙是温和的素食动物，只穿梭在树丛间，撕扯树梢的叶子吃。恐龙生活的时代，地球上气候温暖湿润，遍地都是茂密的森林，以植物为生的恐龙很容易得到自己的食物。

身体特点

素食恐龙大都四足行走，但也有两足行走的，比如鸟脚类的恐龙。素食恐龙的脑袋小，身体大，口裂小，牙齿呈勺状、棒状，或者叶片状，有的还有防御性的结构，但都不具有进攻性的武器，并且大多数素食恐龙具有长长的颈，以方便它们取食树梢的叶片。

禽龙为素食恐龙中的一种

庞大的巨兽

很多恐龙都是吃植物的，其中包括了体型最大的蜥脚类恐龙以及所有的鸟臀类恐龙。这些恐龙许多都非常巨大，一天能吃很多食物，比如腕龙，它一天就要吃掉一吨半的食物，还有大量的石头，而一只腕龙的身高有4层楼那么高，它的重量和十几头大象一样。

腕龙

迷惑龙是蜥脚类恐龙中的一种素食恐龙

不同的吃法

由于植物是由纤维素和木质素构成的，所以这些坚韧物质吃起来非常麻烦，必须先被分解处理后，才能被胃消化。为了解决这个问题，素食恐龙演化出各种解决方法，鸭嘴龙类恐龙具有特殊的牙齿，可以先咬碎及研磨食物；角龙则用格外强壮的颚骨和利剪般的牙齿撕碎坚韧植物。

知识小笔记

在被子植物出现以后，一些恐龙开始以这些植物的种子为食，比如似鸸鹋龙，它们的食谱中就有植物种子，不过它们除了吃植物，也吃昆虫和其他小动物。

吞下食物

蜥脚类恐龙根本不咀嚼，直接把咬下的食物吞进肚里，让胃里的细菌来发酵食物或让它们故意吃下去的小石子来磨碎食物。

大多数素食恐龙都是大块头

不停地进食

根据恐龙的饮食习惯，科学家认为素食恐龙几乎除了睡觉外一直都在进食。一些科学家甚至认为素食恐龙像牛一样可以储存食物，在胃里进行反刍。科学家推测，马门溪龙一天要用近20小时的时间来进食。

凶残的掠食者——肉食恐龙

肉食恐龙总给人们留下凶狠、残忍的印象。它们不只吃恐龙，任何能动的东西，如昆虫和鸟类，都是它们的捕猎对象。从化石中我们可以得出，肉食恐龙通常具有大的头部、短而有力的颈子，以便把猎物的肉撕扯下来吃。

身体特点

肉食性恐龙都属于兽脚类，它们两足行走，善于奔跑；前肢的指端具有锐利的爪子，可以帮助捕食；头占身体的比例较大，有一个血盆大口；颚骨上整排巨大弯曲的利齿，看起来就像牛排刀边缘的锯齿一样。

侏罗纪肉食恐龙——双冠龙

虚骨龙

虚骨龙也是一种肉食性恐龙，它们体态轻盈、行动敏捷，有一双便于抓取的前臂和前爪以及长又窄的颚骨。它们奔跑的速度很快，以追捕小型哺乳动物和昆虫为食。此外，虚骨龙也常会在大型肉食性恐龙吃饱后，捡剩下的残渣碎屑吃。

巨齿龙

巨齿龙比两只犀牛还要长，高出一个成年人两倍的高度。它的大嘴里长满大而尖的牙齿，每一颗牙齿的大小相当于当时小哺乳动物的整个颌部。除去可怕的大嘴外，它的手和脚上还有长长的爪子，这些爪子会撕开猎物坚韧的皮。

巨齿龙生活于侏罗纪时期。

知识小笔记

肉食恐龙主要以其他恐龙为食，有时也吃动物尸体。它们可能是先用有利爪的后肢捕杀猎物，然后再借助利牙和前肢利爪的帮助，把猎物的肉撕扯下来吃。

霸王龙是最著名的肉食恐龙

寻找猎物

和素食恐龙相比，肉食恐龙就需要花费一些气力才能得到吃的，因为它们的食物是那些会移动的动物，肉食恐龙每时每刻都在为自己的下一顿饭忙碌。

可怕的杀手

霸王龙的眼睛很大，并且位置很靠前，它们可能和猛禽一样，直视前方。它们不仅能够追踪猎物，而且还有距离感，能够精确地判断猎物的远近。由于具有发达的大脑和锋利的牙齿，霸王龙一直被公认为是最可怕的杀手。

快慢不一——恐龙的速度

No.030

作为地球上曾经生存过的最大的爬行动物，恐龙总给人们留下行动缓慢的印象。其实，有些恐龙体型构造就很适合快速奔跑，以逃避攻击者或追捕猎物。不过，与现代动物大多用四肢奔跑不同的是，恐龙多用后肢奔跑。

身体特点

似鸵龙跑得很快，每小时可达 50 千米。

善跑的恐龙体型都很相似：长长的后肢，可以加大步伐；而细长的腿和窄窄的脚，则能够让它们跑得更快、更有效率；身体其他部分通常很轻、也很短；至于细长的尾巴，则是平衡杆。此外，它们的前肢细小，小小的头部位于细长脖子的顶端。

不同的速度

庞大的蜥脚类恐龙四足行走，速度较慢，每小时不超过 6.5 千米。四足行走的剑龙和甲龙走路稍快，每小时 6 ~ 8 千米。两足行走的鸭嘴龙每小时能走 18.5 千米。

四足行走的角龙是跑得最快的素食恐龙，面对危险时，它能以 32 ~ 48 千米的时速冲刺。

恐龙中的“飞毛腿”

肉食恐龙大都是短跑高手，时速可达 40 千米。两足行走的虚骨龙类身轻腿长，是恐龙中的“飞毛腿”，时速能达 80 千米。

虚骨龙类中的跑龙类，也是让人特别感兴趣的类群，它的代表就是恐爪龙。

知识小笔记

猎豹是目前动物界的短跑冠军。科学家们在野外反复进行观察和测算，发现猎豹在追击它最爱吃的羚羊的时候，时速可达 113 千米。

河边是最好的伏击场所，一只霸王龙正在悄悄靠近猎物。它似乎对自己的速度很有信心，因为在它看来，两条腿总比四条腿跑得快。

如何计算速度

据英国媒体报道，科学家选取了 5 种肉食恐龙作为研究对象，通过在超级计算机上输入恐龙的骨骼结构和肌肉组织的数据，建立它们的运动模型，并推算出它们的奔跑速度。

在法国发现的美颌龙化石

出乎意料的结果

研究结果出乎科学家的意料，体重仅 3 千克的最小恐龙“美颌龙”运动时速可达 64 千米，比现在的鸵鸟还要快，鸵鸟的运动时速为 56 千米。此外，曾在电影《侏罗纪公园》中出现过的迅猛龙的时速为 38.6 千米，即便是笨重的霸王龙的时速也有 29 千米。

No.031

生存的需要——恐龙的迁徙

迁徙是指动物在自然条件发生变化，或者为满足自己生殖发育的需要，时而变化栖居地的习性。科学家经过研究证明，恐龙像很多当今的动物一样，会随着季节的交替或者生存繁衍的需要而进行群体性的大范围迁徙。

恐龙公园的发现

自 1977 年以来，在加拿大艾伯塔恐龙公园内，人们发现了大量距今 7 500 万年前的恐龙化石，已清理统计出 35 种大约生活在同一时期的恐龙。这么多的恐龙种类共同生活在一起，并且相安无事，令人费解。

盔龙复原图

兰伯龙复原图

科学家的猜测

在恐龙公园内，两种形态结构和生活习性都非常相似的鸭嘴龙——兰伯龙和盔龙不可能同时生活在一起。因此科学家们认为，这些动物曾经发生过迁徙活动。

恐龙蛋证据

在美国蒙大拿，科学家发现了大量的恐龙巢穴，像是恐龙的孵化基地，整窝的恐龙蛋完整而整齐地遗留了下来。科学家估计，恐龙会在雨水充足之时聚集在这里，但是到了旱季它们会重新集结起来，向其他地方迁徙，以寻找充足的食物。

note 知识小笔记

在澳洲大陆和南极大陆上发现的几种恐龙化石，表现出与欧洲、北美的一些种类有密切关系，这也说明这些大陆曾经是连在一起的，发生过恐龙的迁徙和扩散，这些大陆在以后才慢慢分开。

大陆之间的迁徙

根据考证，北极在白垩纪的部分时间里是美洲和亚洲之间的一个连接点，两大洲的恐龙可通过这个洲际间狭窄而极长的大陆桥来实现自己的迁徙路程。而大量的化石证据都证实了这个推测。例如，鸭嘴龙和角龙类恐龙就主要分布在北美和东亚，说明这两个地区在白垩纪晚期的恐龙群有着非常密切的关系。

恐龙并不是在一个地方永久生活，而是随着季节的变换而迁徙。下面是冠龙们迁徙时的场景。

No.032

生存危机——生病的恐龙

古生物学家们发现，他们所研究的恐龙骨骼化石上，常有疾病和外伤的痕迹，这证明恐龙在世时，也常常生病。不过，恐龙的病，只有内科病才能留下化石“病历”。为恐龙检查身体，除古生物学家以外，还得靠现代医学的帮助。

被病魔折磨的马门溪龙

在成都理工学院博物馆的大厅里，陈列着一具巨大的蜥脚类恐龙化石骨架，它就是出土于我国四川省的合川马门溪龙。专家发现，在这条庞然大物的颈椎、脊椎和尾椎等不同部位的骨头上，长了很多瘤状物和结核。可见它生前曾为骨科病痛所折磨，活得很不轻松。

马门溪龙也是比较著名的恐龙

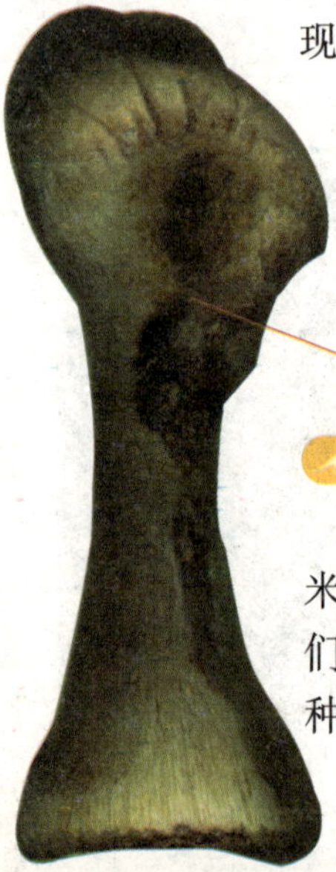

鸭嘴龙肱骨化石

医生的判断

美国一位医生曾经发现在一块长30厘米的恐龙肱骨化石的一端，长有一块和我们拳头般大小的菜花状的骨质增生物，这种异常增生可能是软骨肉瘤。

知识小笔记

科学家通过对沧龙的脊椎骨切片检查证明，由于它们深海潜水，所以还得过减压综合症。

博物馆的发现

陈列在美国自然历史博物馆中的鸭嘴龙化石骨架上，左肱骨曾骨折而引起过骨膜炎，而且有骨质增生现象。在该馆雷龙的尾椎骨上，能看到它生前患过化脓性骨髓炎的痕迹。

断了肋骨的鸭嘴龙骨架化石

格斗的代价

陈列在加拿大博物馆中的鸭嘴龙骨骼，有不少肋骨曾受到损伤。由于这种情况相当普遍，因此估计这种损伤不太可能是偶然事故造成的。这些肋骨伤可能是雄性鸭嘴龙之间格斗留下的标记。

沧龙生活在海洋的表层，捕食鱼类和各种菊石与海龟。

鲨口余生

许多恐龙的骨骼化石“告诉”我们，它们可能患过关节炎。一些专家对恐龙的亲戚——沧龙的病情也进行了诊断，发现它们的脊椎有的得过炎症，得炎症的那个沧龙的脊椎骨，在切片检查时发现了一枚鲨鱼的牙齿，可见它当时从鲨鱼的嘴里逃生，并因此而得了炎症。

No.033

长短不一——恐龙的寿命

因为没有证据表明恐龙是在颐养天年后自己慢慢老死的，所以，没有人知道恐龙的寿命到底有多长。一些科学家在研究了恐龙骨骼的生长环后发现，如果排除非正常死亡的因素，许多种类的恐龙应该能活到100～200岁，它们或许是除龟以外，寿命最长的动物。

化石上的年轮

一些恐龙化石上还有一些年龄的标志，就像树木的年轮一样，这样科学家就可以估算这些恐龙的寿命。科学家普遍认为蜥脚类恐龙寿命较长，而一些肉食类恐龙往往寿命比较短。比如宽龙的寿命在30~70年之间，和人类寿命很接近。

最长寿的恐龙

一些人认为恐龙界的长寿冠军应该是腕龙，因为腕龙被推测可以活长达300年的时间，即使是在现在，这也是一个非常长的寿命了。

note 知识小笔记

新陈代谢是影响动物生长快慢的一个重要因素。平均说来，热血的脊椎动物的生长速度至少要比冷血动物快10倍。

长寿的冷血恐龙

冷血的恐龙有着更长的寿命，这是因为当气温变冷的时候，它们的新陈代谢速度就会变得很慢，因此寿命也会变长，据估计，这些恐龙寿命有上百年。龟就是冷血动物，它的寿命大大超过了其他动物，可以生存上百年。

短命的温血恐龙

温血恐龙的新陈代谢很稳定，受环境影响较小，但是它的寿命也就更短，据估计，一只温血恐龙的寿命大约是70年，只有冷血恐龙寿命的一半。

科学家认为温血恐龙的羽毛最初不是为了飞行，而是为了保持体温。

电影中常常出现的恐龙明星——霸王龙

霸王龙的寿命

科学家研究发现，幼小霸王龙对疾病的抵抗力差，加上天敌的原因，死亡率很高。但是只要过了两岁大关，大约70%的霸王龙会活到13～16岁的性成熟期，然而，到了这个阶段，死亡率又增至每年23%。霸王龙一般可以活到30岁。

两足还是四足——恐龙的行为

当今生活的爬行动物多数的运动方式属于爬行姿态，而哺乳动物则主要是直立姿态。生活在中生代的恐龙，在继承和发扬祖先的直立行走姿态后逐渐占据了生物圈的上层地位，成为中生代的霸主。

最初的设想

人们最先发现恐龙化石的时候，将恐龙设想为类似蜥蜴的爬行姿态。这样就使得恐龙要以一种很难受的方式拖动自己数吨重的身体前行。显然，这种爬行姿态很不适合恐龙庞大的身躯。

两足行走的恐龙，奔跑起来速度更快。

四足直立行走的恐龙并不像鳄鱼那样爬行

重新认识

科学家们通过对恐龙四肢和肩骨等的解剖学分析，特别是在世界各地发现了大量的恐龙脚印后，人们注意到同一个体左右脚印之间的距离并不宽，也就是说它们的四肢不像早期想象的那样分开。而且，在脚印化石旁边也没有发现腹部着地留下的任何痕迹。

证明直立行走

通过许多事实，科学家证明，恐龙的确是四肢直立行走的，有些恐龙还在进化中学会了使用两条后腿行走，而退化了前肢的行走功能。

直立行走的优点

对于素食恐龙来说，直立行走不仅有助于它们吃到更多的植物，而且有助于它们看到更广阔的区域，及时躲避肉食恐龙的袭击。对于捕食来说，两足行走不仅比四足行走更快，由于可以抬起前肢和头部，它们的视野更开阔了。

note 知识小笔记

大型的肉食恐龙，如霸王龙、永川龙比较喜欢独来独往，或以小家庭为单位进行活动。素食恐龙，如蜥脚类、鸟脚类、甲龙类都过着有组织的群体生活。

奠定霸主地位

恐龙直立行走是陆生动物的高级运动姿态，它使动物运动可以更加灵活，更加适应复杂多变的地形环境。恐龙的直立行走姿态增强了它们在陆地上的运动能力，使它们能够在更广阔的空间生活，为恐龙奠定了真正的陆地霸主地位。

形式多样——恐龙的“语言”

No.035

人有人言，兽有兽语。兽语就是动物用来交流的方式之一，除了用各种鸣叫来交流，在自然界还存在着很多交流方式。蚂蚁通过触角的相互碰撞来交流信息；蜜蜂通过独特的舞姿来传递信息；恐龙这个远古的生物又是靠什么来交流的呢？

视觉交流

视觉交流是恐龙信息交流的一个重要方面。每当交配季节，恐龙会像今天的许多鸟类和爬行类那样，雄性身上出现鲜艳夺目的颜色来吸引异性的注意。有些雄性恐龙，如肿头龙、角龙会通过以头相撞来取得与雌性交配的资格。

很多恐龙依靠视觉来判断同伴身上的颜色，以达到交流目的。

“声音语言”

恐龙与其他陆生动物一样，也非常需要借助声音来发出各种应急信号，如召唤同伴一起保卫领地、交配季节吸引异性等。或许，恐龙交流时的声音包括各种咯咯声、呼噜声、吼声、咆哮声或哀鸣声等。

对于异特龙来说，声音不仅可以用来吓唬猎物，也是捍卫领地、震撼同伴的有力武器。

重要的“语言”

2008年，英国的一个研究发现，鸭嘴龙能够利用它们形状不同的鼻腔与气囊发出声音，虽然它们的声音不能像鸟类那样复杂、高亢，但已形成了自己的“声音语言”，来传达对同伴的警告与指令。在交配季节，这些由不同声调与音符组成的“语言”起着更为重要的作用。

知识小笔记

美国的一位古生物学家对各类恐龙的智力做了测试，发现它们的智力由低到高依次是：蜥脚类、四龙类、剑龙类、角龙类、鸟脚类、大型肉食兽脚类和虚骨龙类。

对食火鸡的研究

2003年，纽约的一份研究报告称，食火鸡能发出鸟类最低沉的声音，而其头部的盔状物是它们接收同伴发出的低频声音的接收器，由于众多恐龙化石上也有这样一种与食火鸡“头盔”相似的盔状物，所以对食火鸡的研究有助于理解恐龙是怎样进行交流的。

互相摩擦

短吻鳄的鼻子和脖子上都长有能感觉外界信息的皮肤斑点，在交配季节，异性间通过斑点的相互摩擦而感知对方。我们是否也可以幻想一下霸王龙在交配季节也是这样。或者一对梁龙互相爱慕地将长脖子缠在一起，并迅速地用鼻子互相摩擦。

看到这个图，不要以为它们在打架，其实这对梁龙只是在相互表示爱慕。

No.036

五花八门——恐龙的自卫

在中生代这个弱肉强食的恐龙世界里，每一种恐龙为了生存，都必须有一套保护自己的本领。特别是温顺的素食恐龙，它们从小就得学会保护自己的方法，只有这样才能安全、健康地成长。这也是生物世界的基本规律，物竞天择，适者生存。

天然的防御

恐龙捕食时一般会用自己的大嘴巴去咬猎物的脖子和脊背，但是身上长有尖锐的棘或角的恐龙就可以利用这些武器保护自己，比如棘龙。

知识小笔记

note

虽然大多数素食恐龙都有着庞大的躯体，但它们仍然要保持着高度的警惕性，时刻提防来自周围敌人的袭击。

保护小恐龙

恐龙的遗迹化石显示，在一大群相同脚印的中间，往往发现一些较小的脚印。科学家们推测这些小脚印可能是恐龙成群移动时，由被保护在中间的小恐龙留下的。

奔跑逃命

一些小型的恐龙有着强有力的双腿，它们奔跑的速度很快，当被肉食恐龙追捕时，它们就迅速地奔跑，以逃离成为肉食恐龙食物的厄运。长有鞭子状尾巴的恐龙，可以用尾巴攻击敌人的眼睛或脚，使敌人失足摔倒。

蜥脚类恐龙的防御本领

蜥脚类恐龙在侏罗纪的极大成功是和它们防御敌害的本领分不开的。它们虽然笨拙，显得有些呆头呆脑，但它们的体躯庞大，重达数十吨。蜥脚类恐龙可以用发达有力的四肢猛踢进犯者，还可以用它们的鞭状尾、锤状尾反击对方。

甲龙常常用它的锤状的尾巴进行自卫

No.037

千奇百怪——恐龙之最

恐龙可以说是在地球上生活过的最成功的物种，在1.6亿年的漫长岁月里，恐龙家族在这颗蓝色的星球上繁衍不息，并称霸世界。恐龙种类繁多，外貌形形色色，它们在形体、习性等方面都各有各的特征。

最早出现的恐龙——南十字龙

最早出现的恐龙

现在所知最早的恐龙为两足行走的肉食类，命名为南十字龙。它出现于三叠纪晚期，体长约1.5米，体重可能达到30千克。

这是在牛津大学自然史博物馆的美颌龙模型，可见它是灵活的捕猎者。

知识小笔记

美国共发现了64属恐龙（彼此相似的动物，生物学上同划归于一个属）。另外，发现恐龙属种较多的国家有：蒙古国发现40属，中国发现36属，加拿大发现31属，英国发现26属，阿根廷发现23属。

最小型的恐龙

现今所知的恐龙类型中，最小要算是细颚龙类，它只有今天的鸡一样大。有些种类体长仅约140厘米；有些仅仅70厘米。

最重的恐龙

平滑侧齿龙体重达 150 吨，是目前已知最重的恐龙。腕龙与南极龙两者估算都在 70 ~ 80 吨之间，但是南极龙可能比较瘦一些，但目前没有人确切知道答案。

平滑侧齿龙

最宽的恐龙

甲龙，不仅身披装甲，步履稳健，而且一些甲龙还拥有庞大的身躯，最大的甲龙大约 5 米宽，虽然它的体长不超过 10 米 。相对于体长和身高来说，甲龙是恐龙家族中最宽的成员了。

最长的恐龙

重型龙与梁龙大约都为 27 米长。然而还有两种更长的龙尚在发掘，它们暂时的昵称为超龙与巨龙，若全部骨架发掘出来会更长。这两类恐龙初步推测长度为 35 ~ 40 米。

No.038 与恐龙同行——海洋巨兽

海洋爬虫类最早来自于陆地，它们在 7 500 万年前进入海洋，四肢发展成便于游水的鳍状肢，与鲨鱼和鹦鹉螺等古老海洋生物共享地球水域。直到恐龙灭绝时，这类横行于侏罗纪时期海域的爬虫类才从地表消失。

鱼龙

鱼龙有着流线型的外形和船桨状的四肢，与海豚外形有些相似。它的嘴巴长而尖，上下颌长着锥状的牙齿，整个头骨看上去像一个三角形。鱼龙的眼睛大而圆，可以在光线暗淡的夜间或深海里追捕乌贼、鱼类等猎物。科学家估计，鱼龙可以下潜到海洋中 500 米深的地方。

鱼龙与现代的鱼很相似

蛇颈龙是人们很早就认识的另一类海生爬行动物

因水怪而闻名

今天，在英国苏格兰北部高原的峡谷中，有一个闻名遐迩的湖泊——尼斯湖，尼斯湖的大名气并不是因为它那美丽的自然风光，而是传说中的水怪。尼斯湖水怪的原型可能就是蛇颈龙，它是生活在 1 亿 ~ 7000 多万年前的一种巨大的水生爬行动物。

蛇颈龙

蛇颈龙的骨骼化石

蛇颈龙的外形像一条蛇穿过一个乌龟壳：头小，颈长，躯干像乌龟，尾巴短。蛇颈龙的嘴巴很大，里面长有很多细长的锥形牙齿，四肢进化为适于划水的肉质鳍脚，使蛇颈龙既能在水中往来自如，又能爬上岸来休息或产卵繁殖后代。它的食物主要是鱼类和鹦鹉螺。

沧龙

沧龙的种类较多，小的长 4 米，大的可达 17 米。从外形上看，它们更像今天的某些鱼类，身体细长，四肢呈鳍桨状，尾巴长而扁平，吻部又长又尖，嘴里长满利齿。沧龙是当时海中的霸王，捕食鱼、乌贼、贝类、古海龟和鲨鱼。

两只沧龙正在捕食鲨鱼

知识小笔记

鱼龙眼睛的直径最大可达 30 厘米，而现生脊椎动物中要数蓝鲸的眼睛最大，其直径也才 15 厘米。

幻龙

幻龙有点像鳄鱼，尾巴扁而长，四条腿较短，嘴巴里长满了钉子状的尖牙。它非常敏捷，善于捕捉菊石、头足动物、鱼和小爬虫等动物。就像今天的龟和鳄一样，幻龙也喜欢到陆地上晒太阳。到了繁殖季节，母幻龙也像海龟一样拖着沉重的身体到沙滩上来产卵。

No.039

众说纷纭——恐龙灭绝之谜

在爬行动物统治的中生代，恐龙是体格最大的一类动物，温暖的气候、茂密的森林、充足的食物，使恐龙在地球上统治了 1.8 亿年的时间，然而，它们在 6 500 万年前很短的一段时间内突然灭绝了，只留下大量的化石和遗迹，使我们知道它们曾经存在过。

小行星撞击理论

大多数科学家认为，恐龙的灭绝和 6 500 万年前的一颗小行星有关。据称，当时曾有一颗直径 7 ~ 10 千米的小行星坠落在地球表面，它引起的爆炸在地球表面形成遮天蔽日的尘雾，导致植物的光合作用暂时停止，恐龙因此而灭绝了。

长期以来，恐龙是如何灭绝的，这个问题一直困扰着我们，最常见的说法是小行星撞击地球，引起爆炸，从而导致恐龙灭绝。

气候变迁说

6 500 万年前，地球气候陡然变化，气温大幅下降，造成大气含氧量下降，令恐龙无法生存。也有人认为，恐龙是冷血动物，身上没有毛或保暖器官，无法适应地球气温的下降，都被冻死了。

小行星撞击地球过程的想象图

知识小笔记

1991年，在墨西哥的尤卡坦半岛发现了一个发生在久远年代的陨石撞击坑，这个事实进一步证实了小行星撞击理论的观点。

物种斗争说

恐龙年代末期，最初的小型哺乳类动物出现了，这些动物属啮齿类肉食动物，可能以恐龙蛋为食。由于这种小型动物缺乏天敌，越来越多，最终吃光了恐龙蛋。

虽然，关于恐龙灭绝的猜测众说纷纭。但是，没有任何人能够拿出足够的证据来推翻其他假说。

地磁变化说

现代生物学证明，某些生物的死亡与磁场有关。对磁场比较敏感的生物，在地球磁场发生变化的时候都可能导致灭绝。由此推论，恐龙的灭绝可能与地球磁场的变化有关。

难解之谜

关于恐龙灭绝原因的假说，远不止上述这几种。但是上述这几种假说，在科学界都有较多的支持者。当然，上面的每一种说法都存在不完善的地方。但是，普遍被大家认可的是行星撞击理论。

或许霸王龙就是恐龙灭绝的目击者。在陨石撞击地球的时候，它们才终结了自己的霸主生涯。

No.040

家有近亲——恐龙的亲戚

6 500万年前，一场大劫难使当时统治地球的恐龙神秘地灭绝了，使得恐龙成为了历史长河中的匆匆过客。但是，它们的一些“亲戚”却奇迹般地存活到了今天，在它们身上我们还可以看到很多恐龙当年的风采和特性。

龟鳖类

龟鳖类爬行动物自三叠纪中晚期出现后，至今长盛不衰，而且2亿多年来，身体的基本结构变化不大，始终穿着厚厚的铠甲。它们作为一个物种如此长寿，很大程度上是因为有这身坚固的外壳的缘故。龟的外壳很笨重，使它行动不便；但在安全方面，这可是最好的护甲。

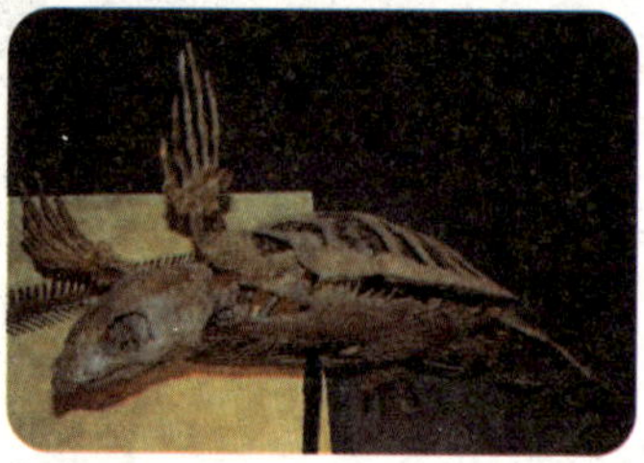

白垩纪的海龟化石

有角鳄生活在1.95亿年前，身体长达3米，外貌和现代的鳄鱼十分相似。

鳄类

纵观当今的爬行动物，要说亲缘关系最近的可能就是鳄类了。鳄类大约与恐龙同时出现，从其发展的一开始，就一直居住在河流、湖泊甚至海洋中。最大的现代鳄类长达6米或更长些，它们在现代世界上能够应付除人类以外的一切对手。

喙头蜥

喙头蜥

喙头蜥是蜥蜴的近亲，体长 60 厘米，模样有点像蜥蜴。它是现存爬行动物中资格最老的一类。三叠纪早期，它们的祖先就已活跃在地球上了，2.4 亿年来样子基本上没多大变化。现在，喙头蜥生活在新西兰南部荒僻的半岛上，数量很少，被人类称为“活化石”。

蜥蜴

蜥蜴作为恐龙的亲戚，它们出现在历史舞台的时间要比恐龙晚得多，大约在侏罗纪后期才演化成类似我们今天看到的蜥蜴。现在，地球上约有 3 800 多种蜥蜴，它们的身影遍布热带和温带地区，无论丛林还是沙漠，都有它们的踪迹。

蜥蜴的适应性强，种类繁多。现在，从北极到非洲南部、南美洲和澳大利亚都有分布，而热带地区种类和数量最多。

知识小笔记

翼龙是恐龙的近亲，它和恐龙生活在同一时代，有时也被误认为是"会飞的恐龙"。翼龙起源于约 2.15 亿年前的三叠纪晚期，灭绝于 6 500 万年前的白垩纪末期。

蛇类

蛇类在今天地球上的爬行动物中非常兴盛，大约有 3 000 多个种类。我们通常认为蛇和蜥蜴关系密切，这也许并不是空穴来风。因为有些古生物研究者认为，一些蜥蜴为了更好地适应当时恶劣的生存环境而蜕化了四肢，所以形成了我们后来看到的蛇。

追踪三叠纪

作为中生代的第一个纪元，三叠纪对于恐龙的历史来说就像是史书的第一页。历史走到三叠纪，恐龙便开始登上历史舞台，三叠纪起始于2.5亿年前，大约持续了5 000万年，它结束了古老的迷齿类两栖动物的统治史，将爬行动物推上历史的高峰。这一时期，爬行动物种类不断分化、增加，出现了最初的恐龙。

No.041

恐龙时代的黎明——始盗龙

始盗龙又名晓掠龙，是世界最早的恐龙之一。它生活于 2.30 亿 ~ 2.25 亿年前的阿根廷西北部，属于蜥臀类恐龙。因为始盗龙拥有较强的奔跑能力，人们才将它和盗贼联系了起来。古生物学家相信始盗龙的外表类似所有恐龙的祖先。

身体特征

始盗龙的体型较小，成长后约 1 米长，重量约 10 千克。它的后肢用来支撑身体，前肢只是后肢长度的一半，每只爪子都有五趾。其中最长的三根前趾都有尖爪，十分尖利，用来捕捉猎物。

知识小笔记

始盗龙四肢的骨骼薄且中空，站立时是依靠它脚掌中间的三根脚趾来支撑它全身的重量。

食性

在始盗龙的上下颌上，后面的牙齿像带槽的牛排刀一样，与其他的肉食恐龙相似；但是前面的牙齿却是树叶状，与其他的素食恐龙相似。这一特征表明，始盗龙很可能既吃植物又吃肉。

始盗龙的一些特征证明，它是地球上最早出现的恐龙之一。

始盗龙有着带锯齿的牙齿

捕猎高手

始盗龙还是快速的短跑手，当捕捉猎物后，会用爪及牙齿撕开猎物。始盗龙那尖利的前爪、带锯齿的牙齿以及能够钳制住猎物使其无法挣脱的上下颌威胁着比它更大的动物的生存。

古生物学家保罗·塞里诺

化石发现地

始盗龙化石首先于 1991 年由芝加哥大学的古生物学家保罗·塞里诺命名，化石在阿根廷伊斯巨拉斯托盆地发现。在三叠纪晚期，这地方是一个河谷，但现在已经变成了沙漠。

阿根廷伊斯巨拉斯托盆地

No.042

以人名命名的恐龙——埃雷拉龙

埃雷拉龙也是最早的恐龙之一，它生活在距今2.25亿年前的三叠纪时期。埃雷拉龙的第一块骨骼化石是阿根廷一位叫埃雷拉的农民无意中发现的。为了纪念他，这种恐龙就被命名为“埃雷拉龙”。

身体形态

埃雷拉龙体长3米，高约1米，重约180千克。它的骨骼细而轻巧，这使它成为敏捷的猎手。埃雷拉龙的耳朵里有听小骨，这说明它很可能具有敏锐的听觉。

埃雷拉龙

凶残的杀手

埃雷拉龙的头骨长而低平，锐利的牙齿呈锯齿状。它的头部从头顶向口鼻部逐渐变细，鼻孔非常小。埃雷拉龙的下颌骨处有个具有弹性的关节，在它张口时，颌部由前半部分扩及后半部分，因而能牢牢地咬住挣扎的猎物不松口。一般的小猎物都逃不过它们的袭击。

埃雷拉龙头骨

肉食恐龙

埃雷拉龙是速度相当快的两足肉食恐龙，它证明了恐龙来源于同一个祖先。它与后来的肉食恐龙有许多相同之处：锐利的牙齿、巨大的爪子、强有力的后肢和以其他小型爬行动物为食。

埃雷拉龙的骨架化石

生活习性

埃雷拉龙灵活机敏，奔走迅速。它们一般生活在高地，可能会用类似鸟类的腿大步行走在植物茂密的河岸边，伏击或寻找食物。它们的后肢很长，能够直立，上肢有爪，可以紧抓猎物，因此能够比竞争对手跑得更快，也更具威胁性。

知识小笔记

1980 年，人类第一次发现了比较完整的埃雷拉龙的骨骼化石，此时，距离第一块埃雷拉龙化石的发现已经过去了 3 年。

有亲缘关系的恐龙

古生物学家在研究埃雷拉龙的骨盆结构后发现，这种结构并不是埃雷拉龙独有的。后来，人们在南美洲三叠纪中、晚期岩层中还发现了另外一些恐龙。包括十字龙、钦迪龙等，都被认为和埃雷拉龙有亲缘关系。

No.043

早期兽脚类恐龙——里奥阿拉巴龙

在始盗龙和黑瑞龙发现以前，里奥阿拉巴龙一直扮演着最早的兽脚类恐龙的角色。在美国新墨西哥州北部，科学家曾经在三叠纪晚期的地层里发现了保存完整的里奥阿拉巴龙化石，对它的研究表明里奥阿拉巴龙确实可以作为早期兽脚类恐龙的代表。

身体形态

里奥阿拉巴龙体长将近 2.5 米，头骨狭长，侧扁的牙齿深埋在齿槽中，十分尖利，而且带有锯齿。它的身体轻巧，骨头的中间都是空心的，这一点很像鸟类。因此，推测它当时的体重大约为 20 千克。

里奥阿拉巴龙复原图

美术图片中的里奥阿拉巴龙

身体结构

里奥阿拉巴龙是标准的两足行走动物，后腿形似鸟腿，十分强壮，看来很宜于行走。它的前肢短，具有适于攀援和掠取食物的灵活的前爪。身体以臀部为支点保持平衡，尾巴又细又长。它的脖子也相当长，前端是结构精巧的头骨。

↑科学家经过研究认为里奥阿拉巴龙可能是卵胎生动物

生活习性

里奥阿拉巴龙的生活方式可能也代表了兽脚类恐龙的基本适应形式，即习惯于在干燥的高地上生活。在这种地区生活，必须具备快速奔跑的能力和动作敏捷的特点，以捕食其他猎物和逃避敌害。

知识小笔记

里奥阿拉巴最早由美国恐龙专家科普命名为腔骨龙，1991年卢卡斯等专家重新为它命名。

名字的更迭

1947 年，在美国新墨西哥州的里奥阿拉巴发现了一具恐龙化石。美国的生物学家将它命名为腔骨龙。此后人们认为这个命名并不是十分准确，1991 年，人们又将这个恐龙的名字更换为它的发现地的名字——里奥阿拉巴龙。

最早的巨型恐龙——板龙

吃植物的板龙是生活在地球上的第一种巨型恐龙。在板龙出现以前，最大的食草类动物的身材也就像一头猪那样大，而板龙要大得多，它的身体有一辆公共汽车那样长。在三叠纪的恐龙中，板龙的形象最常出现在孩子们的恐龙书籍或玩具中。

身体形态

板龙全长约 7 米，站立时头部高约 3.5 米，是最早的高大素食恐龙。它的头细小，口中有齿，脖子和尾巴都很长，躯体粗大。前肢短小，后肢则比较粗长。

知识小笔记

板龙分类上属于古脚类恐龙，科学家认为它们是蜥脚类恐龙，如雷龙、腕龙、梁龙等恐龙的祖先。

独特的前爪

板龙粗壮的前爪有一个拇指和其他四个一般的前指，拇指上长着一个顶端尖尖的大尖爪。一些科学家认为这个拇指上的大爪子是用来防御敌害的，另一些科学家则认为是用来从树上或灌木上抓握食物的。也许，这两种功能兼而有之。

行为习性

由于板龙骨架经常是被成群发现的，许多科学家推测，板龙是结成小群生活的，就像现代的河马和大象那样。有时候，板龙用四肢爬行并寻觅地上的植物，但当需要时，它可以靠两只强壮的后腿直立起来，寻找其他可觅食的地方。

板龙喜欢结成小群活动

进食

板龙的牙齿和上下颌的结构都不大适合于咀嚼。因此，板龙大概是通过吞下各种石头，让它们储存在胃中，像一台碾磨机那样滚动碾磨，把食物碾碎成糊状，然后再进行消化和吸收。

迁徙

板龙是三叠纪中最大的恐龙，它们常常在旱季缺乏食物时，集体向海边迁徙。

由于板龙身体硕大，体温升高时不易散热，所以当它们迁徙途中穿越沙漠时，常常需要忍受酷暑和口渴，在这样的情况下，一旦它们中途迷路，常会发生集体死亡的惨事。

No.045

东亚的古脚类恐龙——禄丰龙

禄丰龙是生活于东亚的古脚类恐龙的著名代表，因其标本于1938 年首次发现于我国云南禄丰县而得名。禄丰龙生活在大约 1.6 亿年前，是最早在中国大地上出现的恐龙之一。现在人们已经发现有许氏禄丰龙和巨型禄丰龙两种。

身体形态

禄丰龙的体型轻巧，头骨短小，眼眶圆大，前后肢的第一指（或趾）特别发达；口中牙齿的形状与树叶相似，前后边缘有微弱的锯齿。身后拖着一条粗壮的大尾巴，站立时，可以用来支撑身体，就好像随身带着凳子一样。

知识小笔记

许氏禄丰龙是中国人自己发掘、研究、装架的第一条恐龙，被称为“中国第一龙”。

行为习性

禄丰龙前肢并不像典型的两足行走的恐龙那样短小，它的前肢有时也可以作为行走工具，因此它可能具备有限的四足行走的能力。禄丰龙生活在湖泊岸边或沼泽地区，主要以植物叶或柔软藻类为生，偶尔也吃昆虫一类的小动物。

禄丰龙复原图

许氏禄丰龙

许氏禄丰龙从头到尾长约 6 米，站立起来身高超过 2 米。它的脖子很长，有 10 个颈椎（脖子部位的脊椎骨）。它的背椎（背部的脊椎骨）有 14 个，荐椎（腰部的脊椎骨）有 3 个，尾椎（尾巴上的脊椎骨）有 45 个。它的颈椎和背椎都相当粗壮。

位于巴塞罗那 的许氏禄丰龙的骨盆化石

禄丰龙的骨骼化石

珍贵的化石

许氏禄丰龙由我国古脊椎动物学的开拓者和奠基人杨钟健院士定名，发现时，它的骨架非常完整，从头到尾巴尖上的骨头几乎没有缺少。像这样完整的化石，世界上发现的也不多，尤其是在恐龙还未兴盛的三叠纪，有这样完整的化石就显得更宝贵了。

巨型禄丰龙

巨型禄丰龙骨骼结构与许氏禄丰龙极为相近，只是个体明显比许氏禄丰龙大，显得较为笨重。到今天，总计有超过十具的禄丰龙复元骨架分别陈列在北京古脊椎动物与古人类研究所、北京自然博物馆和云南禄丰恐龙博物馆。

巨型禄丰龙的头骨，位于北京自然博物馆。

No.046 最古老的恐龙之一——南十字龙

南十字龙属于小型的兽脚类恐龙，它生活于三叠纪晚期的巴西。到目前为止，人们只发现了南十字龙的一具不完整的骨架化石，所以还无法对它进行更多、更全面的认识和科学分析。这种恐龙留给我们很多秘密，等待我们去探索。

发现恐龙

南十字龙的唯一标本发现于巴西南部南里约格朗德州的圣母玛利亚组地层。因为被发现的时候是1970年，而当时在南半球的恐龙发现例子极少，因此恐龙的名字便根据只有南半球才可以看见的星座——南十字星命名。

猎食中的南十字龙

身体形态

南十字龙是已知最古老的恐龙之一，身长2.1米，尾巴的长度约80厘米，体重约30千克。它的后肢长而纤细，从生物学和生理学角度来看，这种特征可以让动物的奔跑速度加快，对于捕捉猎物及逃避敌害十分有利。

肉食恐龙

南十字龙的化石记录极为不完整，只有大部分的脊椎骨、后肢和大型下颌。科学家根据其头部比例大、口腔内颚上有整齐锋利的牙齿来判断，南十字龙是一种肉食的恐龙。

虽然南十字龙的骨架化石并不十分完整，但科学家根据这些仅有的化石已经能够判断出这类恐龙的身体形态和生活习性。

古老的恐龙

南十字龙后肢脚趾的数目可能是5根，这与后来出现的肉食恐龙不同，后来出现的肉食恐龙的后肢一般只有三根脚趾。而且南十字龙只有两个脊椎骨连接骨盆与脊柱，这是一个明显的原始排列方式。所以，南十字龙属于很原始的恐龙形态。

知识小笔记

南十字星位于半人马座和苍蝇座之间，是88个星座中最小的一个。在北回归线以南的地方都可以看到整个南十字星座。

兽脚类恐龙

虽然南十字龙的牙齿和姿态显示它是一种肉食类的恐龙，但是有些研究人员认为它属于蜥脚类恐龙，因为它的骨骸类似古脚类。但最新的研究显示南十字龙与近亲始盗龙、埃雷拉龙都属于兽脚类，而且是在蜥脚类与兽脚类分开演化后，才演化出来的。

No.047 南美洲的恐龙——里奥哈龙

里奥哈龙意为“里奥哈蜥蜴”，是以阿根廷拉里奥哈省为名，它们由约瑟·波拿巴所发现。里澳哈龙是一种巨大的古脚类恐龙，生存于三叠纪晚期。它们巨大强壮的前肢说明它很可能是采用四足行走的。

身体形态

里奥哈龙的身体健壮，身长可达 10 米，脖子细而长，所以它的头部可能很小。它们的腿庞大而结实，尾巴很长。里奥哈龙的脊椎骨中空，能减轻自身重量。大部分原蜥脚类恐龙的荐椎只有 3 节，而里奥哈龙的荐椎有 4 节。

里奥哈龙复原图

四足行走

里奥哈龙体型略大于板龙。

由于它的体型大，前后肢长度相近，说明它们可能改以四足方式缓慢行走，而且不能以后腿支撑站立。专家认为里奥哈龙可能以群体方式移动，以得到保护。

↑黑丘龙的头很小，四肢粗壮，尾巴很长。

素食恐龙

里奥哈龙属于素食恐龙，它的第一个被发现的化石并没有颅骨，颅骨后来才被发现。它的牙齿呈叶状、有锯齿边缘。上颌的前方有 5 颗牙齿，后方有 24 颗牙齿。

不同的声音

许多科学家认为里奥哈龙是黑丘龙的近亲，黑丘龙是三叠纪到侏罗纪早期的最大型古脚类恐龙，但英国布里斯托大学的研究认为里奥哈龙的颈部骨头较长，与其他发现于阿根廷的古脚类恐龙不同。

知识小笔记

里奥哈龙是里奥哈龙科中唯一生存于南美洲的物种。

→科学家认为黑丘龙之所以进化出庞大的身躯，可能是用来抵御天敌的。

独自演化的种类

由于里奥哈龙与近亲黑丘龙都具有巨大的体型和四肢结构，曾有研究认为它们是早期的蜥脚类恐龙。但有人却反对古脚类恐龙演化为蜥脚类恐龙的理论，提出这是两个独自演化的种类。

侏罗纪公园

侏罗纪是恐龙的公园，是恐龙演化发展史上的黄金盛世。侏罗纪持续了 5 000 多万年的时间，是一个相对稳定的地质历史时期。此时，地球上良好的自然环境造就了恐龙进化发展的最高峰，蜥脚类恐龙的发展更是迅速。一些恐龙为了支撑庞大的身躯而恢复了四肢行走的状态，它们用坚实的步伐征服了侏罗纪时期的大地。

古脚类恐龙的重要代表——大椎龙

大椎龙是最早在陆地上出现的以植物为食的恐龙之一。它生存于早侏罗纪，距今约 2 亿年。1854 年，古生物学家理查德·欧文根据来自于南非的化石，将其命名为大椎龙，因此，它们是最早被命名的恐龙之一。

体形特征

大椎龙是一种结构轻巧的中型恐龙，身长 4 ~ 5 米，体重约 135 千克。它们的头又小又窄，眼睛和鼻子却挺大，所以，它们的视觉和嗅觉肯定很灵敏。它们的牙齿当中，一些有沟槽，另一些却很扁平。

知识小笔记

大椎龙不仅曾经生活在非洲南部，在美国的亚利桑那也发现了它们的化石。

突出的上颌

它们的上颌很独特，向前突出得超过了下颌，因此，它们的下颌很可能有一副鸟嘴一样的喙覆盖在骨骼的外面。此外，大椎龙上下颌都长着血管孔可以让血管通过，这表明大椎龙长有脸颊。

关于大椎龙的食性，一直存在争议，有些科学家根据其高而坚固并且有锯齿边缘的前排牙齿判断，它们属于肉食恐龙，有的观点则认为大椎龙应是杂食恐龙。上图为一具位于伦敦自然历史博物馆的大椎龙骨架化石。

大椎龙复原图

弯曲的爪

大椎龙是早期素食恐龙，外型比同时期的板龙要小巧得多。一般四脚着地，也能仅用后腿站立起来采食。它前肢上的“手”很大，拇指上长着大而弯曲的爪，主要是为了防御。在二、三指的配合下，大拇指还具有抓握功能，可用来捡取树叶。

发现胃石

人们从大椎龙的化石中发现，它除了吃树的枝叶外，还时常吞食些鹅卵石，很可能它的牙齿不足以嚼碎食物，只能把这些石头放在胃里充当碾磨器。这种办法传递给了后来的一些大型食草恐龙，甚至今天的鸟类。

极地恐龙——冰脊龙

冰脊龙又名冰棘龙或冻角龙，是一类大型的双足兽脚类恐龙，在其头部有一个奇异的冠状物。冰脊龙于 1991 年在南极洲的早侏罗纪地层被发现，它是第一头在南极洲发现的肉食恐龙，且是第一头被正式命名的南极洲恐龙。

身体形态

冰脊龙长 6 ~ 8 米，头非常窄，最奇特的是它的鼻冠，位于眼睛的上部，并且垂直于头颅骨及向外散开，鼻冠的外观很像一把梳子。科学家认为这个冠若用在打斗上是很易碎的，所以被认为是作为求偶用的。

冰脊龙化石的发现者——威廉·哈默

发现化石

1991 年，科学家在南极比尔德莫尔冰川处发现冰脊龙的化石，当时，挖掘团队共挖出 2 ~ 3 吨重的带有化石的岩块。遗骸包括部分压碎的头颅骨、一个颚骨、30 节脊骨、坐骨、耻骨、大腿骨等。头颅骨部分被比尔德莫尔冰川所压碎，但该部分已被重组。

正式命名

1994 年，冰脊龙正式被命名及描述，并被发表在《科学》期刊上。冰脊龙的学名是从古希腊文的“冰”“冻”和“蜥蜴”而来。但这个名字并非指发掘队伍所面对的严峻环境，而是这头恐龙所生活的较凉气候。

科学家认为，冰脊龙的鼻冠也许只在繁殖季节才展露出艳丽的色彩。但是，如果从保护色的角度考虑，或许它的鼻冠颜色与生存环境相联系。

生活环境

早侏罗纪时期，南极洲分布有森林，而且生活着各种不同的物种。虽然当时地球上的气候比较温暖，而且当时的南极洲很接近赤道，但它仍然属于温带气候。可见，当时的恐龙可以生活在相对凉爽的环境下，也有可能在下雪时仍可生存。

不会遭遇极夜

冰脊龙化石的发现地距南极点约 650 千米，而且在它们生存的时期，这个地方距离南极点约 1000 千米或更加偏北的地区，所以，当时的冰脊龙并不会遇上极夜。

早侏罗纪时期的南极洲分布着比较茂密的森林，生存着多样性的物种。

No.050

首先发现于我国的恐龙——永川龙

永川龙是生活于侏罗纪晚期的大型肉食恐龙，因其标本首先发现于现在的重庆市永川区而得名。除 20 世纪 70 年代在永川发现的较为完整的化石个体外，1985 年，在被誉为“恐龙之乡”的自贡市发现了更为完整的骨架。

身体结构

永川龙的头略呈三角形，嘴里长满了一排排锋利的牙齿，就像一把把匕首。它的尾巴很长，站立时可以用来支撑身体，奔跑时，可以作为平衡器。它的前肢很灵活，指上长着又弯又尖的利爪，后肢又长又粗壮，也生有三趾。

自贡的永川龙

发现于自贡的这只永川龙体长 9 米，身高 5 米，1 米长的大脑袋上长着大大的眼睛，这说明它的视力很好。它的脖子较短，躯体也不长，拥有强壮的后肢和较长的尾巴。

note 知识小笔记

1977 年，一个几乎完整的永川龙骨架在现在重庆市永川区进行水坝施工时被挖出，随后又有更多的化石被挖出。

永川龙的骨架化石是目前世界上保存最完好的肉食恐龙化石之一

分类

永川龙保存有较完整的化石，目前已命名了上游永川龙、巨型永川龙两个种。上游永川龙的正型标本是一个几乎完整的头骨和大部分头后骨骼，长7米，头骨长82厘米、高50厘米。巨型永川龙的正型标本是一个不完整的骨架，长度超过9米，但其头骨几乎完整，非常厚重。

行为习性

永川龙虽然身体庞大，但是却奔跑迅速，它常常出没于丛林、湖滨。追捕猎物时，它会用前肢扑倒对方，然后用后肢踩住猎物，用匕首般的牙齿撕裂猎物。永川龙喜欢独来独往，用敏锐的眼光搜索可以作为猎物的素食恐龙。

化石展出

上游永川龙的最初标本目前保存在重庆市博物馆，与一些巨型永川龙同时展出。此外，在四川宣汉县发现的永川龙化石，则在北京自然历史博物馆中展出。

永川龙的头骨化石陈列在重庆地方博物馆

No.051

重型爬行动物——重龙

重龙生活于晚侏罗纪，距今约1.5亿年前，属于蜥脚类恐龙。它的身材巨大、脖子很长，还长着一条很长的尾巴，尾巴摆动起来，可用作防御敌人的武器。目前被命名的重龙有大斋重龙、拖尼重龙和纤细重龙。

身体形态

重龙体长约27米，虽然没有发现它的头颅骨，但科学家认为它的头部很小。重龙长长的脖子上虽然只有15根颈椎，但有些颈椎骨有1米多长，并且这些骨头都是空心的。像蜥脚类家族的所有成员一样，重龙的前肢上也长着大而弯的爪。

重龙是侏罗纪时期的素食恐龙

独特的身体结构

有些科学家认为，重龙每次抬起头来只能持续很短的时间，否则，血液会停止流向大脑，因为它的心脏离头非常远。而另一观点认为重龙可能有几个心脏，以使血液流遍全身。

发现和命名

大斋重龙的化石于 19 世纪在美国的南达科他州被发现，并于 1890 年命名。1922 年，在犹他州又发现了三个几乎完整的大斋重龙的骨骼化石。

被遗忘的化石

在加拿大安大略省的多伦多皇家安大略博物馆，有一个长达 24 米的部分完整的重龙化石，在储藏室中遭到遗忘达 45 年，直到 2007 年才被戴夫·埃文斯博士重新发现、组合起来。

位于纽约美国自然历史博物馆里的重龙骨架

note 知识小笔记

在纽约的美国自然历史博物馆展示了一个重龙母亲的骨骼，其头部可以达到 5 层楼的高度。

非洲的重龙

在非洲坦桑尼亚发现的晚侏罗纪化石，最初被认为属于拖尼龙，并被命名为非洲拖尼龙，现在它被认为是重龙的另一个种，称为非洲重龙。第三种重龙——纤细重龙也在非洲被发现。

猎食动物中的王者——异特龙

异特龙也叫做跃龙，是一种大型的肉食恐龙，它生存于1.55亿~1.46亿年前。在霸王龙出现前的数千万年间，异特龙一直是肉食恐龙中的王者。因此，有部分科学家认为异特龙才是地球有史以来最强大的猎食动物。

身体特征

异特龙体长10~12米，有一个长1米的巨大头颅，结实的上下颌骨上长有带锯齿的牙齿，可以轻松撕碎猎物坚实的皮肤。它拥有粗壮的颈部、长尾巴以及缩短的前肢。脆弱异特龙是最著名的种类。

异特龙复原图

头颅骨的特点

在兽脚类恐龙中，异特龙的头颅骨、牙齿与身体的比例适中。它的牙齿数量与骨头大小并不成正比，越往嘴部深处，牙齿就越短、越狭窄、越弯曲。这些牙齿很容易脱落，所以它们会不断地生长、替代，并成为常发现的化石。

> **知识小笔记**
>
> 异特龙的化石至今发现 40 多个，主要来自北美洲，另外在葡萄牙、坦桑尼亚也有部分发现。

角冠

异特龙的眼睛上方拥有一对角冠，由延伸的泪骨所构成。角冠的形状与大小随个体而不同。这些角冠可能覆盖着角质，并具有不同的功能，例如替眼睛遮蔽阳光、物种内的打斗行为等。

生活习性

异特龙的日常食物既有腐肉，也有捕猎活物两种形式。在它三指的前肢上有 15 厘米长的利爪。根据异特龙脚印化石显示，它每一步的间距都超过 2 米，这说明它的奔跑速度很快，能够迅速抓到猎物。

一只异特龙正在贪婪地吞食一具迷惑龙的尸体

“大艾尔”化石

"大艾尔"

1991 年，在美国怀俄明州发现了一具完整度接近 95%的异特龙化石，由于化石相当完整，因此取了个昵称“大艾尔”。“大艾尔”身长约 8 米，现珍藏于怀俄明大学地质博物馆内，这也是最著名的异特龙化石之一。

Allosaurus

The Jurassic Park

No.053

外形奇特的恐龙——剑龙

剑龙的背上都有象征它们“家族”特征的剑板，因此被命名为剑龙。它们诞生于侏罗纪的早期，是从原始的鸟脚类恐龙中分化出来的，侏罗纪中期达到了最繁盛的时期，直到白垩纪早期，它们才逐渐衰退、灭绝。剑龙也成了恐龙家族中最早消亡的一支。

奇特的外形

剑龙通常体长3～12米，在它沿着高高拱起呈弓状的脊背上，依次排列有两行大小不等的三角形或者多角形骨质棘板，尾巴的尾梢上有两对修长的骨刺，这是十分凶狠的武器。剑龙的头很小，脑子只有核桃大小，因此，科学家们认为，剑龙或许是一种很笨的恐龙。

知识小笔记

1981年，在中国四川省自贡市大山铺发现的一种名叫“太白华阳龙”的剑龙，除几具骨架外，还包括两个完好的头骨。它的身长约4米，臀部高1.4米，是一只中等大小的剑龙。

剑龙复原图

关于骨板

对于剑龙的骨板，最初，科学家们估计是像护盖一样平铺在恐龙身上。后来，经过仔细考察，最终确定骨板是竖立的。关于骨板的作用，有人认为它可以保护身体；有人认为是一种“拟态”，用于迷惑敌人。近年来，有人又提出了新看法，认为剑龙的骨板具有调节体温的作用。

生活习性

别看剑龙的外表凶悍，其实它是一种素食恐龙。剑龙依靠四足行走，喜欢在水边生活，它常常出没于河湖附近的丛林中，这里不仅有充足的水源，而且有充足的植物给它们提供每日所需的食物。

由于拥有独特的外貌，剑龙也常常成为电影中的明星。

发现剑龙

最早发现剑龙的地方是美国，1886 年，在美国科罗拉多州发现了典型的剑龙。它是一具有相当完美的骨架化石。但是，这只剑龙并不是最早出现在地球上的剑龙家族的成员。

No.054 我国著名的恐龙——沱江龙

沱江龙是一类中等大小的剑龙，它生活于侏罗纪晚期的四川盆地，因其化石标本首先发现于沱江流域的自贡市而得名。沱江龙与同时代生活在北美洲的剑龙有着极其密切的亲缘关系。它们通常利用身上的保护色生活在茂密的丛林深处。

身体特征

沱江龙体长 7.5 米，高 2.5 米，它的背部高高拱起，尾巴拖在地上，整个形状就像我国古代的拱桥。像所有的剑龙一样，沱江龙从颈部到背部都长着骨板，共达 15 对，而且这些骨板上有比剑龙还多的尖刺，主要用来防御敌人。

尾巴武器

由于沱江龙体型巨大，所以其行动缓慢，不过在其短而强健的尾巴末端，还有两对向上扬起的利刺，当有肉食恐龙企图靠近时，沱江龙就可以用带刺的尾巴给以迎头痛击。

▲虽然具有尖尖的背板、刺状的尾巴和凶恶的相貌，但沱江龙的性情却很温和。

食性

沱江龙以植物为食，它的牙齿又小又脆弱，只能吃嫩芽和蕨类植物，而且不能充分地咀嚼那些粗糙的食物，因此它们可能是在吃植物时一起吞咽下一些石块，这些石块可在胃中帮助将食物捣碎。

知识小笔记

沱江龙骨板的数量比其他剑龙种类的都多，而且从颈部到骶部，剑板逐渐增高、增大、加厚，最大的一对长在骶部。

日光浴

沱江龙的骨板可以用来收集阳光。这些骨板就像太阳能板一样吸取热量。在这些骨板中，当血液的温度上升时，热量就通过血管流遍全身，就像水在暖气管道中流动一样。

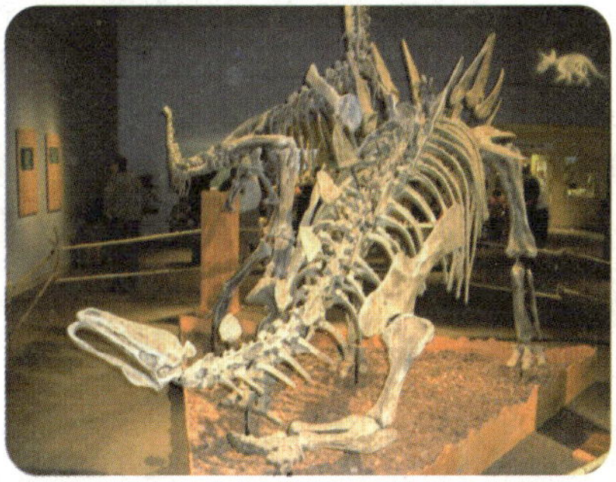

→沱江龙是亚洲有史以来所发掘到的第一只完整的剑龙类骨骼

挖掘化石

1974年，重庆博物馆在自贡附近经过3个月的挖掘，从侏罗纪晚期岩层中清理出重达10吨的恐龙骨骼化石。这些标本经过研究，复原了两具峨眉龙的骨架、一具四川龙的骨架以及一具沱江龙的骨架。

鼻子上长角的恐龙——角鼻龙

角鼻龙又名刺龙或角盔龙，是晚侏罗纪的大型肉食恐龙，从外形上看，它除了鼻子上方生有一只短角、两眼前方也有类似短角的突起外，与其他的肉食恐龙没有太大区别，这也可能就是它被称为角鼻龙的原因。

身体特征

角鼻龙与异特龙、蛮龙、迷惑龙、梁龙及剑龙生存在相同的时代与地区。角鼻龙的体型比异特龙小，身长 6 ~ 8 米，2.5 米高，体重 500 ~ 1 000 千克。

除了特殊的鼻角，角鼻龙从后脑沿背脊直到其尾部，还生有小锯齿状棘突。

身体结构

角鼻龙是一种典型的兽脚类恐龙，具有大型头部、短前肢、粗壮的腰部和后肢、强健的上下颌以及长尾巴，它的嘴里布满尖利而弯曲的牙齿。

鼻角的功能

角鼻龙的鼻角是由鼻骨隆起形成的。最初，科学家认为这个鼻角是一种攻击、防御的武器。后来，科学家又认为这个鼻角可能会在物种内的打斗行为中派上用场，而不会产生致命性的后果，例如求偶、争夺领导地位等。

生活习性

角鼻龙用强壮的后腿走路，它的尾巴左右较扁，形状像鳄鱼。2004 年的一项研究指出，角鼻龙一般是狩猎水中猎物，如鱼类、鳄鱼，不过它也可能猎食大型的恐龙。但是，在陆地的大型恐龙骨骼上常发现角鼻龙的牙齿痕迹，所以说，它很有可能也以尸体为食。

知识小笔记

角鼻龙的化石最早是在美国犹他州中部的克利夫兰劳埃德采石场和科罗拉多州的干梅萨采石场发掘出来的，后来在坦桑尼亚和葡萄牙也有发现。

角鼻龙的化石

角鼻龙的近亲

角鼻龙的近亲包括锐颌龙、轻巧龙以及食肉牛龙。和鸟类相比，角鼻龙及它的近亲都与鸟类相似，而且跗骨甚至比异特龙更像鸟类。然而，要更清楚角鼻龙的演化及亲缘关系，则需要更多的化石来提供资料。

No.056 体型巨大的恐龙——迷惑龙

迷惑龙的得名是由于古生物学家当时发现了一个非常大的恐龙胫骨，令研究者十分迷惑，而于1877年命名为迷惑龙。迷惑龙生活于1.5亿年前的侏罗纪，是陆地上生存过的最大型的生物之一。

名字的更迭

迷惑龙曾经广为人知的名字是雷龙，不过，在雷龙1879年被命名前，就有同类化石被发现的记录，并且取了迷惑龙这个名字，依据古生物学的命名优先权，雷龙这个名称在1974年正式被废除，由在1877年命名的迷惑龙所取代。

迷惑龙的身长约26米，体重24～32吨。它有着长长的脖子和鞭状的尾巴，与身体相比，它的头部非常小，前肢略短于后肢。

“雷龙”的由来

迷惑龙属于蜥脚类恐龙，因其体型巨大，科学家推测它行走时，脚步沉重，声音巨大，每踏下一步，会发出“轰”的一声巨响，就好像打雷一样，所以古生物学家曾经给它取了“雷龙”这个形象的名字。

知识小笔记

1989 年，美国邮政管理局发行了一套恐龙邮票，包含：暴龙、剑龙、无齿翼龙以及雷龙。美国邮政管理局宣称，虽然科学界使用迷惑龙这个名称，但一般大众对于雷龙这个名称更熟悉。

科学家研究认为，迷惑龙可能生活在平原与森林中，并可能成群结队而行。

化石的发现

迷惑龙的化石发现于美国的科罗拉多州、奥克拉荷马州、犹他州和怀俄明州。然而，直到 1975 年，迷惑龙的头颅骨才首次被发现。

迷惑龙的头骨

迷惑龙的头骨与梁龙的头骨相似，较为低长，从侧面看呈三角形，吻端很低，只有一个鼻孔，而且位于头的顶端；口中的牙齿较少，呈棒状，看起来就像铅笔头一样。迷惑龙头骨发现的时间足足比其命名晚了一个世纪。

迷惑龙的头部

No.057

欧洲著名的肉食恐龙——美扭椎龙

美扭椎龙又名优椎龙，意为“优美的弯曲脊椎骨”，指的是化石最初发现时的脊椎排列方式。美扭椎龙属于兽脚类恐龙，生存于大约1.5亿年前的中侏罗纪的英格兰南部，它一直是欧洲最著名的大型肉食恐龙。

关于命名

在恐龙最初被发现的一个多世纪里，它的分类一直很混乱。当时西欧的古生物学家们认为只有斑龙一种大型的肉食恐龙，所以在美扭椎龙被发现时，也被归为斑龙类。直到1964年，英国化石学家指出这种恐龙并不是斑龙，并给它取了一个新名字——美扭椎龙。

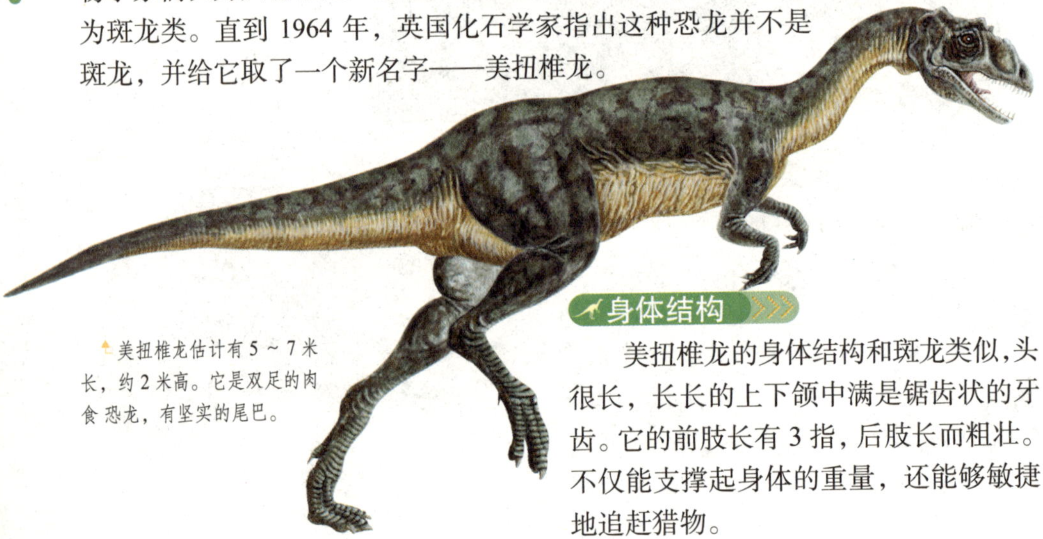

美扭椎龙估计有5～7米长，约2米高。它是双足的肉食恐龙，有坚实的尾巴。

身体结构

美扭椎龙的身体结构和斑龙类似，头很长，长长的上下颌中满是锯齿状的牙齿。它的前肢长有3指，后肢长而粗壮。不仅能支撑起身体的重量，还能够敏捷地追赶猎物。

美扭椎龙的脚

与大多数兽脚类恐龙一样，美扭椎龙的脚也是由 3 根趾头构成的，而且整体构造和现代的鸟类的脚类似。它的 3 根趾骨长度几乎相当，中间的那根从上往下逐渐变细。这反映了在兽脚类恐龙的演化过程中，趾骨在不断地发生变化。

美扭椎龙是典型的兽脚类恐龙，它拥有强壮的后肢、直立的姿势及小型的前肢。

生活习性

美扭椎龙是一种大型肉食恐龙，能够快速奔跑，追逐鲸龙、棱齿龙和剑龙等猎物。不过，或许它还是一种食腐动物。美扭椎龙还善于游泳，在水中时，它的尾巴可以起到舵的作用。

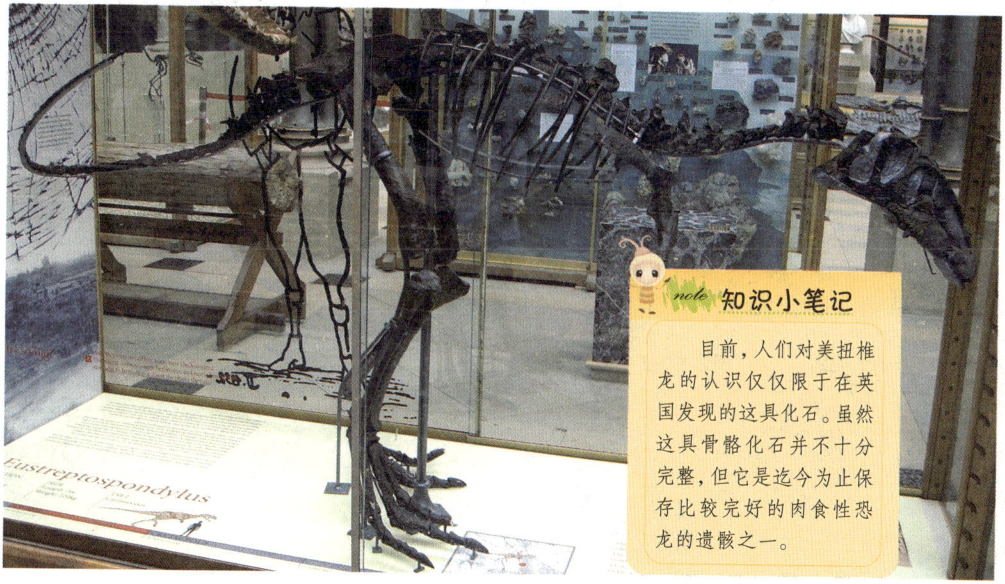

note 知识小笔记

目前，人们对美扭椎龙的认识仅仅限于在英国发现的这具化石。虽然这具骨骼化石并不十分完整，但它是迄今为止保存比较完好的肉食性恐龙的遗骸之一。

长着双冠的恐龙——双脊龙

双脊龙又名双棘龙、双盔龙，它是一种兽脚类恐龙，生活于早侏罗纪。双脊龙的名字来源于古希腊文的“双冠”，因为它的头上有着两个冠状物。独特的外形使双脊龙成为了电影《侏罗纪公园》中的明星。

身体特征

双脊龙身长约6米，站立时头部高约2.4米，体重为半吨，头顶上长着两片大大的骨冠。双脊龙的前肢短小，善于奔跑。与后来的大型肉食恐龙相比，双脊龙的身体显得比较“苗条”，所以它行动敏捷。

月面谷双脊龙

分类

现在，双脊龙分为3个种类，分别是月面谷双脊龙、奇特双脊龙和中国双脊龙。其中，中国双脊龙于1978年在云南省被发现，当时它和原蜥脚类的云南龙被双双埋在一起。但现在并不能确定它属于双脊龙的一种，因为从它的颧骨、颚骨来看，它似乎更接近南极洲的冰脊龙。

中国双脊龙

独特的双冠

双脊龙头上圆而薄的头冠最初被认为是雄性之间争斗的工具，但后来发现这个头冠比较脆弱，不太可能用于打斗。所以，有的古生物学家认为，双脊龙的头冠是用来吸引异性的工具。

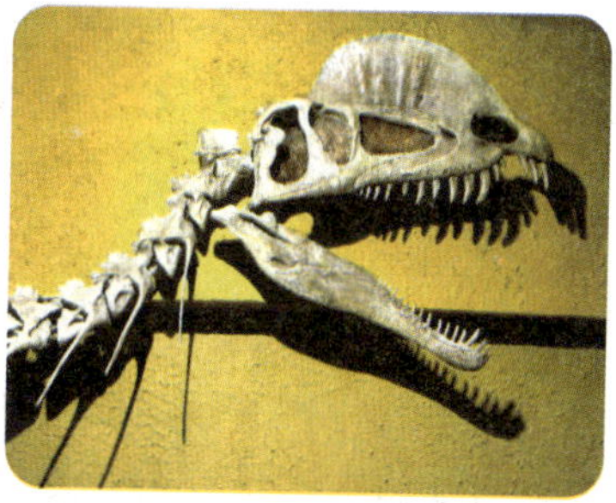

古生物学家研究认为，头冠大的双脊龙可能在群居中占有较大的地盘，并拥有和更多雌性恐龙交配的特权。右图为双脊龙的头骨化石。

食性

双脊龙的鼻嘴前端特别狭窄，柔软而灵活，可以从矮树丛中或石头缝里将那些细小的蜥蜴或其他小动物衔出来吃掉。它的口中长满利齿，也能捕杀一些大个子的素食恐龙。但是，也有些科学家怀疑它的牙齿功能，说它只是一种食腐肉的恐龙。

化石的发现

双脊龙的第一具化石于1943年夏天被发现，当时被认为是斑龙的一个种，叫做魏氏斑龙。1970年，在这具化石的发现地又发现了一具新的化石。这具新化石具有明显的两个冠饰，它才被确认为一个独立的种类，被命名为双脊龙。

最古老的鸟类——始祖鸟

No.059

始祖鸟是最古老的鸟类，它生活于大约1.5亿年前的晚侏罗纪，此时，欧洲还是个接近赤道的群岛。由于始祖鸟同时拥有鸟类及兽脚类恐龙的特征，因此科学家认为，鸟类是由爬行动物进化而来的。

始祖鸟化石的发现

1861年，在德国巴伐利亚省索伦霍芬侏罗纪晚期形成的石灰岩地层里发现了一具年代最为古老的鸟类化石，不仅骨骼得以保存，而且还有羽毛的痕迹，它被命名为始祖鸟。目前，世界上的10例始祖鸟化石都是在德国的巴伐利亚发现的。

慕尼黑的始祖鸟标本

身体特征

始祖鸟的身体可以长到0.5米长，翅膀比较宽，末端呈圆形，尾巴很长。除了这些与鸟类相似的特征外，始祖鸟还有很多兽脚类恐龙的特征，比如它的颚骨上有锋利的牙齿，脚上三趾都有弯爪，还有骨质的长尾巴。

始祖鸟的羽毛在结构及设计上与现代鸟类相似

科学家经过研究发现，始祖鸟适应飞行的各方面构造还很不完善，所以推测，始祖鸟原来是树栖的，在树上利用带羽毛的翅膀滑翔，最后翅膀终于获得飞行能力。

起源于恐龙

也正是因为始祖鸟骨骼结构与小型肉食兽脚类恐龙十分相似，早就有人认为鸟类起源于恐龙，并且推测鸟类的高代谢能力是从恐龙中祖先那里继承来的。更有人推测羽毛在开始时不一定与飞行有关，它在原始的兽脚类恐龙中可能已经普遍存在。

note

鸟类是现存陆生脊椎动物中种类最多的一个类群，有8 600 ~ 8 800种，分布在世界各地。我国有鸟类大约1 100种。

重要证据

始祖鸟的首个遗骸是在达尔文发表《物种起源》之后的两年被发现的。始祖鸟的发现似乎确认了达尔文的理论，并从此成为恐龙与鸟类之间的关系、过渡性化石及演化的重要证据。

珍贵的化石

由于鸟类的骨骼比较纤细，所以要保存为化石很困难。幸运的话，只能在岩石中留下羽毛的印痕。鸟类的完整化石能够保存下来，可以称为奇迹，保存下来的每件远古鸟类化石都价值连城。

珍贵的始祖鸟化石

No.060

陆地上的“鲸”——鲸龙

鲸龙是人类发现最早的恐龙之一，由于当时被发现时，它的骨架脊椎上有海绵状缔结组织，与今天的鲸类相似，所以被命名为鲸龙，而且它一度被认为是一种巨大的水生爬行动物。直到后来人们发现了比较完整的骨架以后，才确定了它蜥脚类恐龙的身份。

发现和鉴定

1809 年，在英国的牛津郡发现了鲸龙化石。1841 年，欧文以零星发现的牙齿和骨头为其命名。1870 年，一具不完整的鲸龙骨骼在英国牛津附近被发现。1979 年，在摩洛哥发现的一根鲸龙的股骨竟有 2 米长。

鲸龙

身体特征

鲸龙是长颈的四足恐龙，体长约 18 米，重约 25 吨。它的前后肢长短等长，背部基本保持水平状态。古生物学家目前还没有发现完整的鲸龙头骨化石。根据其牙齿化石推测，鲸龙的头部较小。

鲸龙的肱骨

实心的脊骨

鲸龙的脊骨几乎是实心的，与后期的腕龙等蜥脚类恐龙相比显得结实厚重，这也是原始恐龙的特征。随着蜥脚类恐龙的演化，它们的脊椎骨开始有了空腔，从而可以减轻它们的重量。。

知识小笔记

鲸龙是最早有正式学名的蜥脚类恐龙。它与发现于印度的巨脚龙、中国的蜀龙都是目前已知早期较原始的蜥脚类恐龙的代表。

生活习性

鲸龙生活在侏罗纪中到晚期的海滨地区。当时这片海域主要分布在现在的英国。鲸龙的颈部并不灵活，可以在3米的弧线范围内左右摇摆，所以，鲸龙只能低头喝水或是啃食蕨类叶片和小型的多叶树木。

似鲸龙

似鲸龙的意思是“像鲸龙的恐龙”，它确实与鲸龙非常相似。这种恐龙生活在侏罗纪晚期的英国南部和瑞士，和鲸龙同属于蜥脚类恐龙，体长约15米。

似鲸龙是四足的素食恐龙，它于1927年由德国古生物学家休尼命名。

No.061

身体最长的恐龙——梁龙

梁龙是有史以来已知的陆地上最长的动物之一，也是恐龙世界中的体长冠军，由于它大量的骨骼化石被发现，所以梁龙已经为人们所熟悉，并成为非常著名的恐龙。梁龙属于蜥脚类恐龙，生活于晚侏罗纪时期的北美洲西部。

外貌

梁龙的体型巨大，在发现的化石中，它的脖子长 7.8 米，尾巴长 13.5 米，身体全长 27 米，但脑袋却纤细小巧，鼻孔长在头顶上。它的前腿比后腿短，每只脚上有 5 个脚趾，其中的一个脚趾长着爪子。

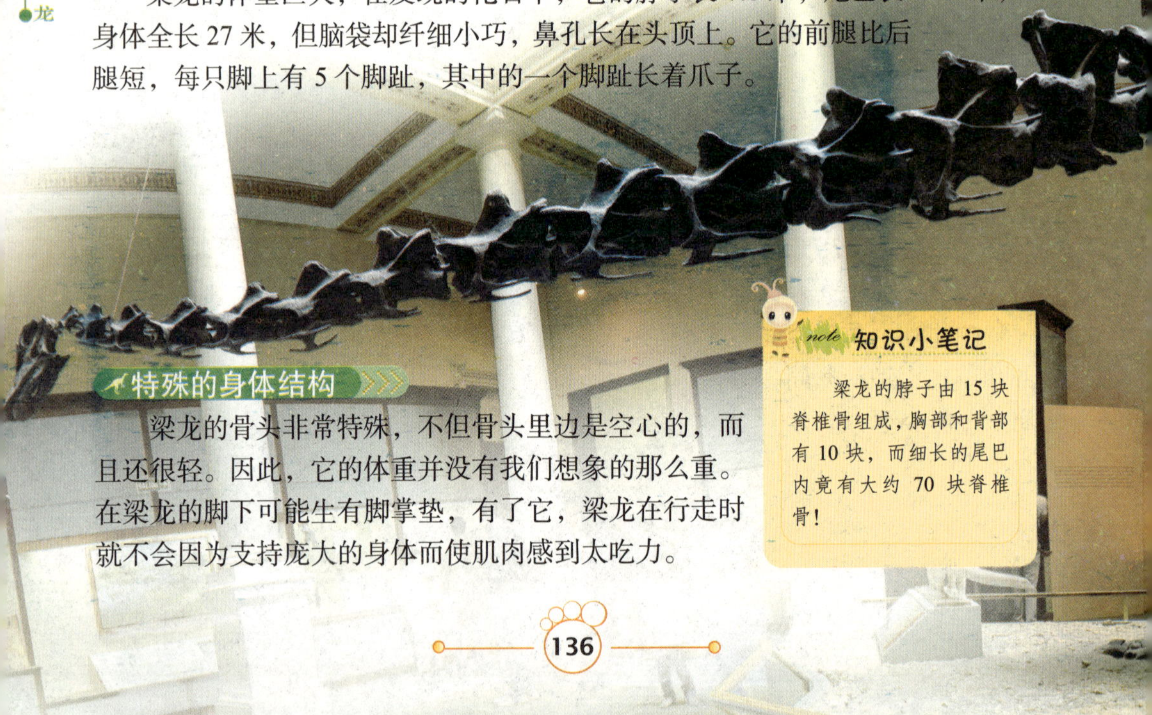

特殊的身体结构

梁龙的骨头非常特殊，不但骨头里边是空心的，而且还很轻。因此，它的体重并没有我们想象的那么重。在梁龙的脚下可能生有脚掌垫，有了它，梁龙在行走时就不会因为支持庞大的身体而使肌肉感到太吃力。

note 知识小笔记

梁龙的脖子由 15 块脊椎骨组成，胸部和背部有 10 块，而细长的尾巴内竟有大约 70 块脊椎骨！

由于拥有长颈、长尾巴的突出特点，梁龙成为最容易确认的恐龙之一。

梁龙的食物

梁龙是素食动物，吃东西时，它不咀嚼，而是将树叶等食物直接吞下去。因为梁龙的牙齿只长在嘴的前部，而且很细小，所以它就只能吃些柔嫩多汁的植物。

化石发现地

梁龙的化石在美国西部的科罗拉多州、犹他州、蒙大拿州和怀俄明州陆续被发现，并且化石非常丰富。虽然化石中已发现比较完整的骨骼，却很少发现头骨。

因为梁龙的脑袋非常小，所以它不是很聪明。

自卫行为

梁龙能用它强有力的尾巴来鞭打敌人，迫使进攻者后退；或者用后腿站立，用尾巴支持部分体重，以便能用巨大的前肢来自卫。

小巧的恐龙——美颌龙

美颌龙是恐龙家族中小巧玲珑的种类，它的躯干部分只有一只母鸡那么大，无疑是恐龙家族中个体最小的成员之一，属于肉食性的兽脚类恐龙。假如有人还认为恐龙都是庞然大物的话，美颌龙肯定是最好的反证。

珍贵的美颌龙标本

珍贵的标本

已知的美颌龙标本是两个接近完整的骨骼，其中一个于19世纪50年代在德国被发现，标本长约89厘米；另一个则是在法国被发现，长约125厘米。德国标本于1861年被命名为长足美颌龙，现在，这个标本在德国巴伐利亚国家古生物和地质收藏馆中展出。

身体特征

美颌龙的脖子修长而灵活，上面长有一个轻巧的头骨，头骨中有许多空洞。就连它的68枚牙齿都非常得小巧玲珑。美颌龙的前肢有三指，但只有两个可以弯曲。它的尾巴细长，长度超过身体的1/2。

锋利的牙齿

美颌龙的下颌修长，牙齿小而锋利，适合吃小型的脊椎动物及其他动物，在两个标本的肚中都有小型的蜥蜴。除了在前上颌骨的最前牙齿外，其他的牙齿都有着锯齿。科学家们就是用这个特征来辨别美颌龙及它的近亲。

敏捷的掠食者

美颌龙是一种快速像鸟样的掠食者，具有敏锐的目光，捕猎能力很强，靠着强健的后腿，它可以快速奔跑，而且能够突然加速去捕捉奔跑的小动物，穷追不舍。

→长期以来，美颌龙因其小巧玲珑的体型而著名。美颌龙的形象也经常出现在儿童读物中。

生活环境

在侏罗纪晚期，欧洲位于古地中海的边缘，是一片处于热带地区的群岛。美颌龙当时就栖息在海岸边，与它同时代的还有始祖鸟、喙嘴龙和翼手龙等。

note 知识小笔记

美颌龙科包含了大部分生存于晚侏罗纪至白垩纪在中国、欧洲及南美洲的小型恐龙，如似鸟龙、华夏颌龙和中华龙鸟等。

恐龙家族的巨人——腕龙

No. 063

腕龙生活在侏罗纪至白垩纪晚期，是曾经生活在陆地上最大的动物之一，也是最著名的恐龙之一，因此它常常出现在电影和电视节目中。腕龙的化石于1900年首次在美国科罗拉多州西部的大峡谷中被发现。

庞大的身躯

1907年，在非洲的坦桑尼亚发现一具腕龙的骨骼化石，科学家估计这只腕龙体长25米，体重达到80吨，是已知恐龙中体重最大的。10米长的脖子让它能够到树顶的枝叶。当它伸长脖子站立的时候，头和地面的距离可以达到13米之高。

知识小笔记

一些科学家认为，腕龙或许有好几个心脏来将血液输遍它庞大的身躯。

身体结构

腕龙是属于蜥脚类的素食恐龙，身体结构像长颈鹿，前腿比后腿长，这样能帮助它支撑长脖子的重量。它的脑袋很小，头颅骨有着很多小孔，可能也是帮助减轻重量。腕龙的鼻梁向上高高拱起，形成一个鸡冠一样的鼻子。

柏林洪堡自然历史博物馆的布氏腕龙（长颈巨龙）的骨架，是目前全球最高的组装骨骼。

巨大的食量

腕龙需要吃大量的食物，来补充其庞大身体生长和四处活动所需的能量。一只大象一天能吃大约 150 千克的食物，而腕龙大约每天能吃 1 500 千克的食物！

腕龙可能每天都成群结队地旅行，在一望无际的大草原上游荡，寻找新鲜树木。

生活环境

腕龙是侏罗纪时代最巨大的恐龙之一。它生活于充满蕨类、苏铁类的草原，并穿越有大量松树和银杏的树林。与腕龙生存于同时代相同区域的恐龙有剑龙、橡树龙、迷惑龙和梁龙。

布氏腕龙的重建图

生理特点

若腕龙是温血动物，科学家估计它需要 10 年的时间长成完全个体，但若它是冷血动物，它就需要超过 100 年的时间。

No. 064

体形奇特的恐龙——弯龙

弯龙是一种素食性、有喙状嘴的恐龙，它生活于侏罗纪晚期至白垩纪早期，典型的种类主要发现于北美洲和英国。由于弯龙通常以四足站立，它的身体形成一个拱形，所以古生物学家给它取了这样一个形象的名字。

身体特征

弯龙的体型庞大，最大的成年弯龙身长为 7.9 米，臀部高达 2 米，体重约 1 吨。它的头骨小，前肢短，后肢长，偶尔也能用后腿直立起来吃长在高处的植物。它的前肢有 5 个指，后肢有 4 个趾，前后肢都有蹄状指爪。

note 知识小笔记

弯龙的化石足迹显示，它的指间没有肉垫相连，这点与禽龙不同。

弯龙是禽龙类最原始的成员，它的吻部呈宽扁的喙状，仅在上下颌后半部有叶片状的牙齿，人们猜想它用喙啃下树叶和嫩枝，再用长长的舌头卷入口中，然后由两侧的牙齿嚼磨。

独特的牙齿替换

科学家研究发现，弯龙牙齿替换的过程非常有趣，通常从偶数位后的牙齿开始，所有位于奇数位的牙齿依次被替换，而且替换顺序是从后向前，因此，正在替换的一系列牙齿从后向前逐渐变小。

科学家推测，在整个禽龙科中，像弯龙这样的牙齿替换过程可能是一种普遍现象。

行为习性

从体态结构看，弯龙似乎是一种行动缓慢、没有自卫能力的动物。或许必要时，它会用两只长腿奔跑，躲避敌人的袭击。而更多的时候弯龙很可能是弯下腰来，隐藏在树丛中以避开灾难。

No. 065

鸟类的杀手——嗜鸟龙

嗜鸟龙生存于侏罗纪晚期、白垩纪早期的北美大陆西部。到目前为止，人们只发现了一具完整的嗜鸟龙骨架。尽管我们从它的名字上看，嗜鸟龙是以捕食鸟类为生的，但实际上，没人能确认它是否可以捕捉到鸟。

身体特征

嗜鸟龙有许多地方类似美颌龙，但它的体型稍大。嗜鸟龙体长约 2 米，头部很小。与其他小型兽脚类恐龙相比，嗜鸟龙的头部比较健壮，因此它们的咬合力较大。嗜鸟龙的尾巴很长，奔跑时具有平衡身体的功能。

嗜鸟龙复原图

食性

1903 年，一些科学家认为嗜鸟龙的前肢较长，可以迅速抓住灵活的动物，因而提出嗜鸟龙可能以鸟类为食。后来，科学家根据嗜鸟龙嘴部大小和又长又尖的牙齿判断，它以小型哺乳动物和小型爬行动物为食。

敏捷的猎手

嗜鸟龙具有超常的视觉能力，它可以辨认出奔跑或躲藏在蕨类植物及岩石下面的蜥蜴和小型哺乳动物。嗜鸟龙前肢上的指特别长，而且有一个小指可以向内弯曲，很适合抓紧猎物。它的后肢像鸵鸟一样强韧有力，且很长，所以跑得很快。

嗜鸟龙的骨骼化石

知识小笔记

1900 年，世界上唯一的一个嗜鸟龙的骨架被发现于美国的怀俄明州。

臆测之名

嗜鸟龙名字的意思为“鸟强盗”，但没有证据显示它曾真的捕食过鸟类，也不知道当初为什么得了嗜鸟这个名称，所以这样的名字可能是一种臆测。

“电影明星”

嗜鸟龙的形象常常出现在影视节目中。在 1940 年的迪士尼动画电影《幻想曲》的《春之祭》段落，一只嗜鸟龙跳跃起来抓捕一只始祖鸟。在 BBC 的电视节目《与恐龙共舞》第二集，一只嗜鸟龙正在追踪一只幼年梁龙。

一只嗜鸟龙正在捕捉始祖鸟。该图由查尔斯·奈特绘制。

No.066 恐龙时代的空中霸主——翼龙

翼龙是恐龙生活时代的空中霸主，它们是最早飞上天空的脊椎动物。虽然它们不是恐龙，但是却伴随着恐龙的兴衰，见证了恐龙时代的灭亡，翼龙也和恐龙一起灭绝于6 500万年前的白垩纪晚期。

一颗翼龙类的牙齿

分类

翼龙分为两大类：一类是分布于三叠纪晚期到侏罗纪晚期的原始喙嘴龙类；另一类是兴起于侏罗纪晚期，一直存活到白垩纪晚期的翼手龙类。喙嘴龙类的颈部比较短，尾巴长，掌骨短；翼手龙类的颈部短，尾巴也短。

翼龙常生活在湖泊、浅海的附近。

飞行能手

早期，曾有人认为翼龙或许不擅长飞翔，它们更多的只是滑翔而已。然而，最新的研究表明，因其大脑中处理平衡信息的神经组织相当发达，翼龙不仅能像鸟类一样飞翔，而且很可能是飞行能手。

知识小笔记

1784 年，意大利的古生物学家科利尼在德国发现第一件翼龙化石。1801 年，居维叶鉴定它为翼手龙，归于爬行动物。

翼手龙

化石发现地

迄今为止，世界上已经发现命名了超过 120 种的翼龙化石，其中绝大多数都被保存在海相沉积岩中。德国的索伦霍芬是世界上最出名的翼龙化石产地之一，这里曾经发现了包括喙嘴龙和翼手龙在内的众多翼龙成员，此外，巴西东北部、中国的辽西热河地区也都发现过大量翼龙化石。

飞行于海面上的无齿翼龙想象图

生活习性

翼龙常生活在湖泊、浅海的上空。一些翼龙具有脚蹼，可以从天空中发现飞行的昆虫以及水中游动的鱼、虾等小型水生动物，并且迅速出击，准确捕食它们。

No. 067

捕猎高手——气龙

气龙是兽脚类恐龙中比较原始的种类，由于它的化石是在建设天然气设备时发现的，所以得名气龙。气龙生活在侏罗纪中期，距今约 1.6 亿年，主要分布在亚洲。它的化石发现于四川省自贡市大山铺。

身体特征

气龙体长 3.5 ~ 4 米，高 1.3 米，体重约 150 千克，属于中等体型的肉食性恐龙，它们通常生活在湖滨周围或丛林中。

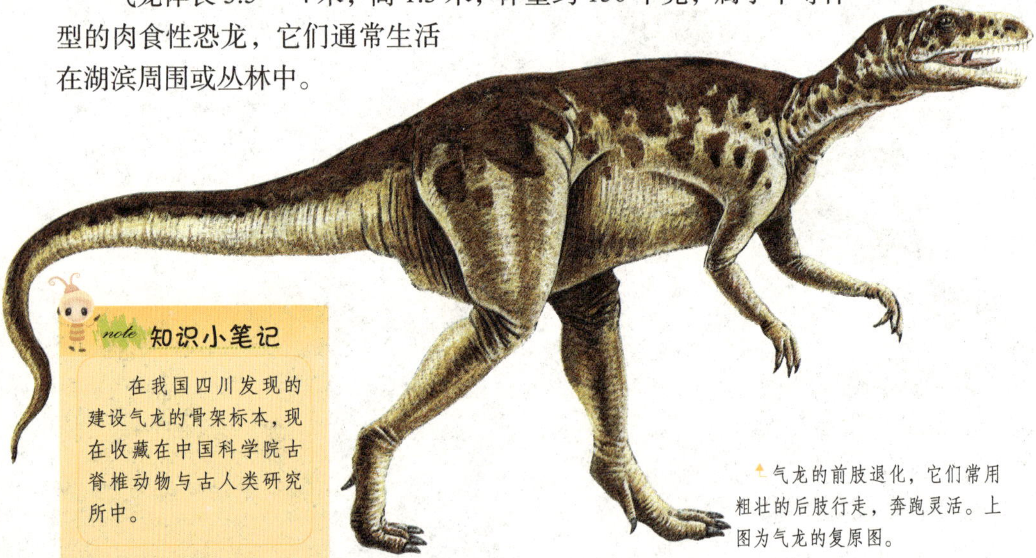

气龙的前肢退化，它们常用粗壮的后肢行走，奔跑灵活。上图为气龙的复原图。

知识小笔记

在我国四川发现的建设气龙的骨架标本，现在收藏在中国科学院古脊椎动物与古人类研究所中。

捕猎高手

气龙的颧骨非常强壮，牙齿就像一把把非常锋利的小匕首，并且牙齿的边缘又有小锯齿，这说明它能很轻松地撕裂生肉。它的前肢很短，走路只能凭借强壮有力的后腿，但它的爪子非常尖锐强劲，可以紧紧抓住猎物或撕开大型猎物坚韧的外皮。

气龙的牙齿

集体行动

气龙在侏罗纪中期的蜀龙动物群里是一种活跃敏捷的掠食者，或许它们成群出没，集体捕猎，就像今天的狼一样，是靠集体力量去战胜比自己高大的动物。

气龙的骨架化石

关于分类

目前唯一发现的气龙化石是一些颅后骨，由于没有头骨被发现，一些学者认为气龙其实是开江龙，还有指气龙与斑龙有关。虽然现在气龙被分类在肉食恐龙中，但它也有可能属于虚骨龙类。

建设气龙

建设气龙是气龙家族的代表，身长4米，有一个大而轻巧的头，脖子短，尾巴长，奔跑速度快，喜欢捕食素食恐龙和其他小动物。

No.068

北美洲著名的恐龙——圆顶龙

圆顶龙名字的拉丁文意思为“圆顶状的爬行动物”，它们属于素食恐龙，生活在侏罗纪晚期，距今1.55亿～1.45亿年。圆顶龙是北美洲最著名的恐龙之一，和蜥脚类家族中其他身材高大的亲戚相比，它们长得相对矮小。

身体特征

圆顶龙的体长可达20米，体重约20吨，脑袋小且呈显著的方形，鼻孔长在眼眶的前上方，鼻腔巨大，因而嗅觉灵敏。与其他长脖子的恐龙相比，它的脖子短得多，尾巴也较短，所以体格显得更加粗壮、结实。

四足站立

圆顶龙的腿像树干那样粗壮，可以稳稳地支撑起它全身的重量。它每只脚都有五趾，中趾长着锋利的爪子用于自卫。就像大部分的蜥脚类恐龙一样，圆顶龙的前肢比后肢稍短，但它的每一节脊骨都没有向上的神经棘，因此，圆顶龙并不能以后肢站立。

圆顶龙的复原图

圆顶龙的骨架化石

食性

圆顶龙是素食恐龙，它牙齿的形状像凿子，用来啃断大量的树枝、树叶。由于其脖子比其他蜥脚类恐龙短得多，因此它们可能只吃低矮处的枝叶。圆顶龙还会吞下石块来帮助消化。在经常发现圆顶龙化石的地方，就会发现大量独立的圆滑小石子。

知识小笔记

圆顶龙最先的发现纪录是 1877 年，在美国科罗拉多州发现了一些零碎脊骨。直到 1925 年，首个完整的圆顶龙骨骼才被发现。

行为习性

圆顶龙生活在北美洲开阔的平原上，属于群体性生活的动物。圆顶龙的蛋被发现时并非整齐地排列在巢穴之中，可见圆顶龙并不照顾它们的孩子。

长着不同类型牙齿的恐龙——畸齿龙

No. 069

畸齿龙，顾名思义，它口中生有不同类型的牙齿，分为门牙、犬齿、臼齿三种，类似哺乳动物，因此科学家认为它们可能是哺乳动物的祖先。畸齿龙最早发现于南非的开普省，是最早、最小的鸟脚类恐龙之一。

塔克畸齿龙的模式标本

身体特征

畸齿龙生活在距今 1.99 亿年前的侏罗纪早期，它体长约 1.2 米，重约 2.5 千克，头部长约 10 厘米。畸齿龙的前肢短而后肢长，尾巴长，脖子短，以保持身体的平衡。它的后肢非常像鸟，强壮稳定。

畸齿龙喜欢挖掘一些多汁的植物根吃，这既有营养，又补充水分。

不同的牙齿

畸齿龙的牙齿有三种不同形状，它们分别有各自的用途：前面锋利的门牙用来咬断树的枝叶；后面的臼齿则用来咀嚼磨碎食物；而那些类似犬齿的獠牙，可能只有雄性才有，大概是用来当作武器使用的。

畸齿龙或许还会挖蚁巢吞吃蚁类

像牛羊一样进食

科学家推测，畸齿龙在吃食时，用喙一片一片啄下树叶或茎，集中在口的两边，然后一起咀嚼，咀嚼时下颌轻微向后挫动，样子很像现代牛羊的进食。

善于奔跑

畸齿龙生活在半沙漠化的环境里，它通常四肢着地或站立吃食，只有在遇敌逃跑时才两腿奔跑。它跑起来速度很快，奔跑中为了平衡身体，尾巴会甩来甩去。

知识小笔记

还有另一种不是恐龙的爬行动物也被称为畸齿龙，它最明显的特征是背上有个帆状物。它生存于二叠纪时代，与哺乳类的关系较接近。

No. 070

北美洲最早发现的恐龙——近蜥龙

近蜥龙是一种极为敏捷的小型原蜥脚类恐龙，它大约生活在 2 亿年前侏罗纪早期的美国、中国和南非。近蜥龙化石的发现，比起人类对恐龙的认识更早，这甚至可能是北美洲最早发现的恐龙。

发现和命名

1818 年，人们在美国的康乃狄克州发现一些大型骨头，当时这被误认为是人类的骨头。后来，更多的化石在马萨诸塞州被发现，人们对大量的骨头研究后，于 1855 年认为这是一种爬行动物。1885 年，古生物学家为之命名为近蜥龙。

近蜥龙复原图

近蜥龙命名人奥塞内尔·查利斯·马什

身体特征

近蜥龙是一种小型恐龙，身长约 2 米，体重约 27 千克。它的脑袋近似于三角形，脖子和尾巴都比较长，前肢掌上的大拇指带有大爪子，这很可能是用来挖掘植物地下根茎的，而其后肢则比前肢长得多。

四肢行走

近蜥龙前端沉重的身体使得它在行走时必须往前倾。从它的颈部、身躯以及发育良好的前肢可以看出，它通常都是以四肢行走，短而强健的前肢会支撑着胸部、颈部和头部。吃东西时，它也会把身体直立起来。

生活习性

在侏罗纪早期，近蜥龙生活的地区气候温暖，它常常在湖边活动并寻找食物。生活在同一地区的肉食兽脚类恐龙是近蜥龙的最大敌人，近蜥龙一旦遇到它们，可能就会依靠自己的后肢急忙跑开，如果实在躲闪不开，它就只能依靠大爪拼命一搏了。

→近蜥龙是一种素食恐龙

知识小笔记

1973 年，科学家在贵州北部大方盆地中挖掘到一具中国近蜥龙的不完整骨架，体长约 1.7 米，并且具有几乎完整的头骨化石。

No. 071

最早被命名的恐龙——斑龙

斑龙又名巨龙、巨齿龙，是一种大型肉食性的兽脚类恐龙，它生存于 1.8 亿～ 1.6 亿年前侏罗纪中期的欧洲。自从斑龙的化石被发现之后，到目前已挖掘出了许多，但没有发现完整的斑龙骨骼化石。所以，斑龙的外表细节仍无法确定。

身体特征

斑龙的身长约为 9 米，体重约 1 吨，长尾巴可平衡身体与头部。从其颈椎显示，它们有非常灵活的颈部，后肢大且充满肌肉，以支撑它们的重量。如同所有的兽脚类恐龙一样，斑龙的每个后肢上有 3 个向前的趾和 1 个向后的趾。

斑龙复原图

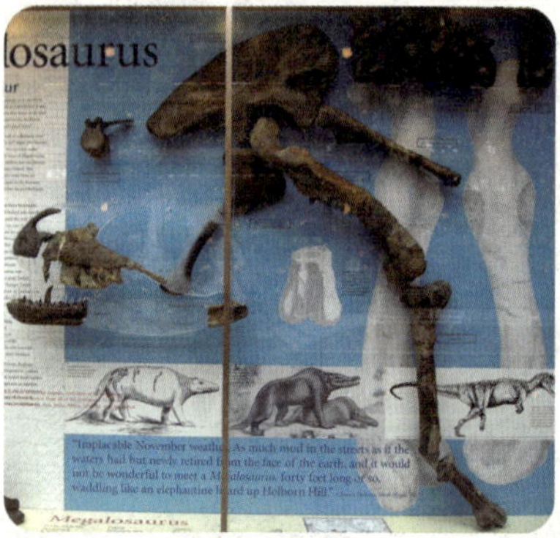

捕食

锋利的爪子是斑龙捕食猎物的主要武器。人们通过斑龙足迹化石的分析，认为它们通常采用小规模的集体狩猎方式，来捕食剑龙和大型的蜥脚类恐龙。过去曾认为斑龙猎食禽龙，但因为禽龙的化石发现于白垩纪早期的地层，所以斑龙不可能以禽龙为食。

斑龙的标本，位于牛津大学自然历史博物馆。

最早被叙述的恐龙

1676年，在英国牛津附近的一处石灰岩采石场发现了部分动物的骨头，1677年，普洛特在书上对这些骨头进行了叙述，认为这些骨头过大，应该不属于任何已知物种。后来这些骨头得到确认，它们属于斑龙的股骨。

波尔蒂所绘的斑龙股骨末端

斑龙是第一种被叙述的恐龙

知识小笔记

1997年，在英国牛津东北20千米处的阿德利石灰岩采石场发现了著名的斑龙足迹化石，后来，这些足迹化石部分被复制下来，并送到牛津大学自然历史博物馆中展出。

"采石场的大蜥蜴"

1822年，曼特尔夫妇发现了禽龙化石，就在禽龙被鉴定的期间，英国地质学家巴克兰却在1824年率先发表了世界上第一篇有关恐龙的科学报告，报道了一块在采石场采集到的恐龙下颌骨化石。巴克兰认为这是一种新型的爬行动物，并为之命名为斑龙，而“斑龙”的拉丁文原意是“采石场的大蜥蜴”。

斑龙的右下颌绘画，取自于威廉·巴克兰1824年的书籍。

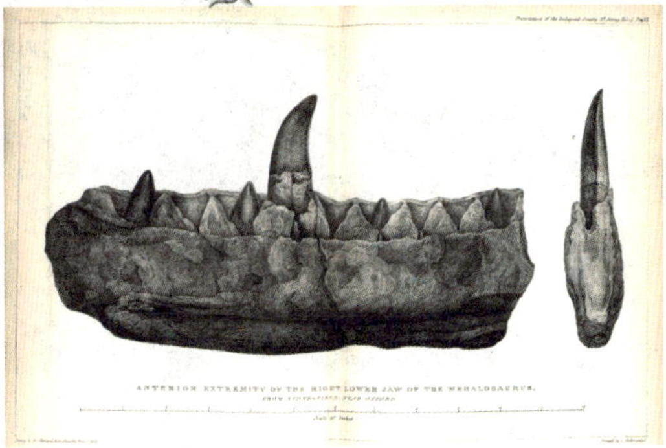

长脖子恐龙——马门溪龙

马门溪龙是目前我国发现的最大的蜥脚类恐龙，它最早的标本于1957年发现于四川省宜宾市马门溪渡口，并因此而得名。马门溪龙生活在距今1.5亿~1.4亿年前的侏罗纪晚期，当时，它广泛分布在东亚地区。

脖子最长的动物

马门溪龙是曾经生活在地球上的脖子最长的动物，最大个体的体长可达30多米，而脖子则占体长的一半。它的脖子由长长的、相互叠压在一起的颈椎支撑着，因而十分僵硬，转动起来十分缓慢。但脖子上的肌肉却相当强壮，支撑着自己的小脑袋。

马门溪龙四足行走，又细又长的尾巴拖在身后。在交配季节，雄马门溪龙在争夺雌性伴侣的战斗中会用尾巴互相抽打

身体结构

马门溪龙的颈椎骨多达19个，是蜥脚类恐龙中最多的，并且每一块颈椎骨都很长，颈椎骨中还有许多空洞。

生活环境

马门溪龙生活的地区覆盖着广阔而茂密的森林，到处生长着红木和红杉树。成群结队的马门溪龙穿越森林，用它们小的、钉状的牙齿啃吃树叶以及别的恐龙够不着的树顶的嫩枝。

知识小笔记

马门溪龙属最著名的两个种：一为合川马门溪龙，发现于四川省合川县和甘肃永登；另一个为建设马门溪龙，发现于四川宜宾。

亚洲第一龙

2006年8月，科学家在新疆奇台县发掘到一具马门溪龙化石，测量其体长达35米，仅脖子就长15米，是名副其实的“亚洲第一龙”。1987年曾在同一地点发掘到马门溪龙，它的体长约30米，被命名为中加马门溪龙，其化石现藏于北京自然博物馆。

井研马门溪龙，位于北京自然博物馆。

其他长脖子恐龙

1994年，在美国发现的波塞东龙，颈部长达11.5米，而之前发现的超龙，颈部长度则一般在13～14米之间。马门溪龙在蜥脚类恐龙演化史上属中间过渡类型，为蜥脚类恐龙繁盛时期的早期种属，在侏罗纪末期全部灭绝。

No.073

以植物命名的恐龙——橡树龙

橡树龙又名磔齿龙、槲龙及树龙，其拉丁语学名意为“橡树蜥蜴”，因其颊齿形状类似橡树而得名。橡树龙属于鸟脚类恐龙，生活在侏罗纪晚期。19 世纪晚期，橡树龙的化石首先发现于非洲的坦桑尼亚。

身体特征

橡树龙体长 2.4 ~ 4.3 米，臀部高 1.5 米，体重为 77 ~ 90 千克。橡树龙的脖子较长，脑袋不大，但却长了一双大眼睛，在眼睛前面有一根特殊的骨头以托起眼球和眼睛周围的皮肤。由于眼睛大，橡树龙的视力非常好，这有利于它们发现食物和藏在远处的敌人。

note 知识小笔记

除了坦桑尼亚以外，橡树龙的化石还在美国的科罗拉多州、犹他州、怀俄明州等地有所发现。

生活习性

橡树龙通常生活在枝叶繁茂的树林中，属于群居动物，成年的橡树龙还会保护孵化后的幼年个体。橡树龙的腿修长而有力，就像现在的鹿一样，也是奔跑高手，奔跑时，它们用坚硬的尾巴保持平衡。奔跑速度快也是橡树龙生存的重要法宝之一。

科学家通过研究橡树龙的化石认为，它的智力在恐龙中处于中等。

食性

橡树龙属于素食恐龙，它的角质嘴巴类似鸟喙，虽然没有牙齿，但有锋利的颊牙。有些科学家认为橡树龙咀嚼时，可能会将食物置于颊部中。

行为特点

橡树龙的前肢比较短，上有五个指，虽然“手指头”很长，但都很细弱，没有足够的力量支撑它四肢行走。不过，刚孵化的橡树龙前肢比较健壮，或许可以用四肢行走。

橡树龙（下）与角鼻龙（上）的骨架模型

橡树龙的朋友

科学家经过研究认为，橡树龙和许多大型蜥脚类恐龙生活在一起，它们常常跟在大型蜥脚类恐龙群的后面，捡它们吃食时掉落下来的树叶。如果遇到危险，橡树龙还可以躲在蜥脚类恐龙旁边寻求帮助。

探秘白垩纪

白垩纪是个伟大的变革时代，它始于距今1.46亿年前，结束于距今6 500万年前。这一时期，地球上经历了沧海桑田的变化，大陆漂移使大陆彼此间的联系中断，动物不再可能从一块大陆迁移到另一块大陆，这就导致了恐龙在进化上的地区差异。作为中生代最后的一个纪，白垩纪见证了恐龙最后的繁盛和衰亡。

No.074

猎杀机器——霸王龙

在距今6 500万年前的白垩纪晚期，恐龙统治地球的时代已经接近尾声。然而，此时却出现了地球上有史以来最大的陆生肉食动物——霸王龙，它凶狠、残暴，最早发现它的人们给它起了暴君蜥蜴这个名字。但是，我们还是习惯称它为霸王龙。

霸王龙是最声名显赫的恐龙

身体特征

霸王龙的体长可达14米，重约10吨，仅头部就长约1.3米，身高可以超过两层楼房。强而有力的颚部上长有锯齿边缘的牙齿，有些牙齿长达16厘米。它的颈部短粗，前肢短小，后肢强健粗壮，尾巴不算太长，可以向后挺直以平衡身体。

退化的前肢

和粗壮的后肢比较起来，霸王龙的前肢非常短。古生物学家认为，这可能由于霸王龙只用口捕猎，前肢很少使用，因而渐渐变短变小，也因此演变成由后肢站立、前肢退化的奇异的身体结构。

正在捕猎的霸王龙

捕猎高手

霸王龙奔跑时的速度可达每小时 29 千米，良好的视力和灵敏的嗅觉使它能更好地捕食猎物。它经常出没于旷野和森林，发现猎物后就会发动猛烈攻击。它的嘴巴是主要的武器，用来搏斗和杀死猎物，必要时它可以用强大的后肢踩住猎物，然后把猎物一块一块撕裂吞食。

霸王龙逐渐退化的前肢

知识小笔记

霸王龙主要生活在北美洲，另外在我国山东、新疆、河南和云南等地也发现过部分化石。

发现最早的化石

1902 年，美国恐龙化石采集家巴纳姆·布朗，在美国蒙大拿州的黑尔溪发现了一具巨型的肉食动物骨骼。之后的两个夏天，他相继从坚硬的砂岩中挖掘骨架。由于骨头相当沉重，于是他制造了一种用马匹拖拉的专用雪橇，这才把骨头运到附近的公路。而他所发现的这具巨大骨骼就是第一具霸王龙的骨骼。

No.075

长角的猛兽——食肉牛龙

食肉牛龙又名牛龙，它生活于白垩纪早期，是非常著名的兽脚类肉食恐龙。它的骨骼化石在南美多处地点被发现，特别是在阿根廷巴塔哥尼亚平原发现的骨架非常完整，甚至在化石上还看到了皮肤的痕迹。

食肉牛龙复原图

身体特征

作为占据当时南美生物圈食物链顶端的巨型掠食动物，食肉牛龙体长7～8米，其前肢非常短小，甚至比霸王龙的前肢更短，但它的后肢粗壮，趾端长有利爪。

独特的骨质角

食肉牛龙长着一个巨大的头颅，其眼睛上方还长着一对骨质的像牛角一样的东西。科学家目前还不能确定这两个角到底有什么作用，因为它们非常短，根本无法作为攻击的武器，也许这对角只是它用来炫耀自己或吓唬对方的装饰品。

一对骨质角使食肉牛龙的头部特征非常突出

矫健的尾巴

如果没有尾巴，食肉牛龙绝不会以高速运动。运动时，食肉牛龙用它那长长的、矫健的尾巴保持平衡。这条尾巴可以使食肉牛龙的头向前伸，有利于捕获挣扎的猎物。

长长的尾巴是食肉牛龙捕食的有力武器

知识小笔记

在麦可·克莱顿的小说《失落的世界》中，食肉牛龙被作者添加了根据所处环境改变外表颜色的能力，类似变色龙或章鱼，但还没有证据显示食肉牛龙具有变色的能力。

珍贵的化石

1985 年，在巴塔哥尼亚发现了一具完整的食肉牛龙骨架和它的一些皮肤化石。科学家根据化石判断，在食肉牛龙的身上，沿脊椎从头到尾生有成行的锥形隆起，在这些骨质的隆起上覆盖着非常华丽的圆形鳞片。

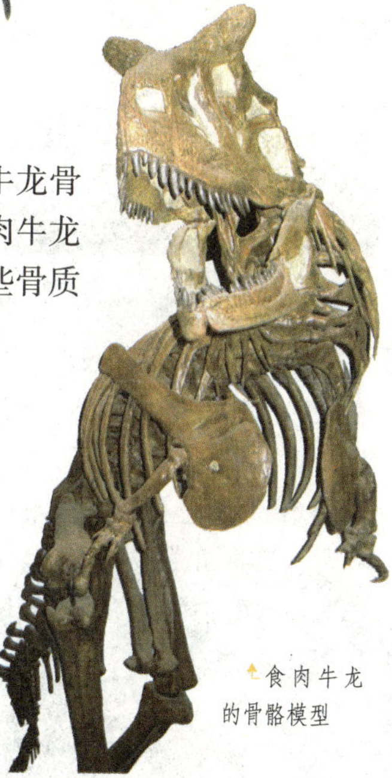
食肉牛龙的骨骼模型

科学家的猜测

食肉牛龙的头骨结构表明其头部肌肉发达，但是其颚及下颌骨则不如其他巨型肉食恐龙那样强有力，有学者甚至认为这样的下颚不但不能与其他恐龙争夺、打斗，甚至连捕食大型素食恐龙都比较困难。此外，食肉牛龙虽有血盆大口，但牙齿却比较细小而紧密，所以科学家怀疑它很可能也以腐肉为食。

No.076

敏捷的捕食者——迅猛龙

迅猛龙又名伶盗龙、速龙，它属于兽脚类恐龙，生活于白垩纪晚期。1922年，科学家在蒙古的戈壁沙漠中发现了第一具迅猛龙的化石标本；两年后，科学家确定该标本属于一种肉食恐龙后，将它命名为蒙古迅猛龙。

身体特征

成年迅猛龙体长1.5～2米，体重推测约15千克，其头颅骨长达25厘米，口鼻部向上翘起。它的牙齿带有锯齿，这特征证明它们可能经常捕捉行动十分迅速的猎物。迅猛龙的大脑较大，属于非常聪明的恐龙。

著名的利爪

迅猛龙依靠后肢的第三、四趾行走，而第二趾可以向上收起离开地面，上有大型镰刀状的趾爪，这是它们出名的重要原因。这些趾爪的外缘长度可达65毫米，是可怕的攻击武器，可能用来撕开猎物。

迅猛龙复原图

迅猛龙的骨架

具有羽毛

根据 2007 年的《科学》杂志，古生物学家在一个迅猛龙化石的前臂上发现了 6 个羽茎瘤。鸟类骨头上的羽茎瘤用来固定羽毛，而迅猛龙骨头上的羽茎瘤则明确显示它们也具有羽毛。迅猛龙不会飞行，它的羽毛可能用作展示物，或孵蛋时覆盖蛋巢，或是用作奔跑时增加速度。

知识小笔记

迄今为止，共有至少 12 具迅猛龙的骨骼化石被发现。目前迅猛龙的绝大多数标本发现于蒙古国与中国的内蒙古。

生活习性

雨季来临时，许多动物都处于繁殖期，这时，迅猛龙会结成小群，常常在小猎物频频出没的沙丘、林地边缘或固定水源处进行埋伏。到了旱季，猎物渐渐稀少，它们往往集结成大群，以便捕杀大猎物。

蒙古的国宝

第二次世界大战后，波兰的探险队在蒙古发现了许多迅猛龙化石标本，其中最著名的是在 1971 年所发现的“搏斗中的恐龙”，该化石保存了一只迅猛龙和一只原角龙搏斗的场景。这个标本被蒙古视为国家级的宝藏。

“搏斗中的恐龙”标本

No.077

非洲最大的肉食恐龙——鲨齿龙

鲨齿龙又名望齿龙，生活于9 800万～9 300万年前的白垩纪，它是目前在非洲发现的最大的肉食恐龙。鲨齿龙的拉丁文意思是“像吃人鲨般的恐龙”，它的这个名字出现于1931年，但直到20世纪90年代的发现才使科学家了解到这种恐龙的真面目。

身体特征

鲨齿龙是至今发现的最大型的肉食恐龙之一。成年鲨齿龙的体长可达14米，其巨大的头骨就有1.6米长，因此，古生物学家曾一度认为鲨齿龙的头骨是兽脚类恐龙中最长的。鲨齿龙的颅腔及内耳结构很像鳄鱼。它的牙齿又薄又利，很像鲨鱼的牙齿。

鲨齿龙复原图

鲨齿龙的头骨化石

巨大的头骨

虽然鲨齿龙的头骨比霸王龙还要长，而且最新发现的鲨齿龙的头骨长达1.75米。但是目前最长的头颅骨属于鲨齿龙的近亲南方巨兽龙，估计可达1.95米。鲨齿龙、霸王龙、南方巨兽龙被称为三种最大的兽脚类恐龙。

鲨齿龙的智力

鲨齿龙的头骨虽然大，但它的大脑只有霸王龙大脑的一半大。科学家根据化石分析认为，鲨齿龙的智力比较接近鳄类，但不如虚骨龙类和鸟类。

撒哈拉鲨齿龙的生活复原图

知识小笔记

鲨齿龙的化石主要分布在北非各国，包括埃及、摩洛哥、突尼斯、阿尔及利亚、利比亚和尼日尔等。

最初的发现

鲨齿龙化石最先于 1927 年在北非被发现。最初，它被编入斑龙之内，并命名为撒哈拉斑龙，但 1931 年，古生物学家又建立了鲨齿龙属，并沿用至今。他们命名鲨齿龙的原因是它有着像噬人鲨的牙齿，几乎是两边对称而并非弯曲。

No.078 在煤矿中发现的恐龙——禽龙

禽龙是最早命名的恐龙之一,它们主要生存于距今 1.3 亿~ 1.2 亿年前的白垩纪早期。禽龙属于鸟脚类恐龙,体型庞大。它的化石多数发现于欧洲、北美洲以及非洲北部和蒙古国,我国只有零星骨骼和足迹被发现。

命名

禽龙是继斑龙之后,世界上第二种正式命名的恐龙。禽龙的化石在 1822 年被首次发现,并在 1825 年由英国医生吉迪恩·曼特尔进行描述与命名。

禽龙的后肢粗壮,有三个趾,有宽厚的蹄子一样的趾爪

知识小笔记

1878 年,在比利时的贝尼莎特煤矿矿坑里一共发现了近 30 具禽龙骨架化石。其中,比较完整的有 17 具。

身体结构

禽龙属于素食恐龙,身长约 10 米,高约 5 米。它的前肢和肩胛骨都比较大而重,前肢有四个指,其中具备尖爪的指与腕骨几乎成直角,可以用来折断树枝。

著名的尖爪

前肢的尖爪是禽龙最著名的特征之一。这个尖爪被认为是对付掠食者的武器，类似短剑，但也可能用来挖开水果与种子，甚至用来与其他禽龙打斗。一位科学家认为这个拇指尖爪连接着毒腺，但这观点并没有被接受，因为尖爪的内部并非中空，表层也没有沟槽可使毒液流动。

最早发现的禽龙尖爪。它于 1840 年发现于德国的美斯顿。

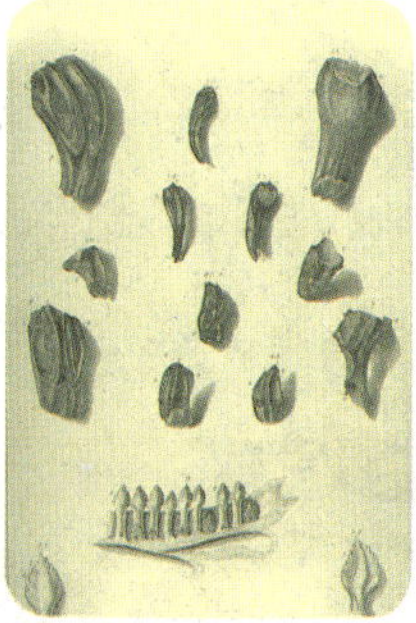

禽龙牙齿与现代鬣蜥的牙齿图解

牙齿特征

禽龙的头比较大，很像马的头，嘴前端有一个角质喙，上下颌的前部没有牙齿，后部的牙齿两边都有锯齿，互相咬合在一起。禽龙的名称就来源于它那蜥蜴般的牙齿。

生活习性

禽龙这种肢体结构，再加它的长脖子和长尾巴以及从肩胛骨延伸到尾巴中部的骨化肌腱，使它行走或奔跑都异常平稳而迅速，平均每小时能走 35 千米。禽龙还是一类喜欢群居生活的恐龙。有人提出它具有部分水生的习性，当受到威胁时，会进入河流或湖泊中避难。

No.079

危险的杀手——恐爪龙

恐爪龙是体型轻巧、奔跑快速的兽脚类肉食恐龙，它生活于距今 1.2 亿～0.9 亿年前的白垩纪早期。科学家经过研究其化石发现，恐爪龙是专为速度和屠杀而生的恐怖生物，它是当时素食恐龙最危险、最凶恶的敌人。

恐爪龙复原图

身体特征

就恐爪龙最大的标本而言，它体长可达 3.4 米，头颅骨最大可达 41 厘米长，臀部高度为 0.87 米，而体重可达 73 千克。它的头颅骨有强壮的颚骨及约 60 根弯曲剑形的牙齿。它用两脚站立，前臂较短，尾巴较长，可以在高速转向时用来维持平衡。

爪子

恐爪龙的每个前肢上有 3 个带着尖长爪子的指，拇指最短，而第二指最长。每个后肢有 4 个趾，第二趾都有镰刀般的利爪，长度约 13 厘米，这个利爪可以向前刺戳并向下割，来撕破猎物。

正准备捕食的恐爪龙

不寻常的猎食者

恐爪龙非常聪明，它们成群打猎，奔跑起来非常迅速，是最不寻常的掠食者。它们有一套独特的捕杀本领：一只脚着地，另一只脚举起镰刀般的爪子，加上前肢利爪的配合，很容易将猎物开膛破肚，一下子置于死地。

化石发现地

恐爪龙的第一具化石于1931年在美国蒙大拿州南部被发现。后来，在怀俄明州以及奥克拉荷马州都发现过恐爪龙的化石。此外，马里兰州大西洋沿岸平原地带发现的化石可能属于恐爪龙的牙齿。

捕食中的恐爪龙

平衡恐爪龙的长尾巴

知识小笔记

在我国发现了恐爪龙的近亲中国鸟龙和小盗龙，它们的遗骸被发现时都有像羽毛的结构，所以恐爪龙也可能有羽毛。

No.080

吃鱼的恐龙——重爪龙

重爪龙又名坚爪龙，意为“沉重的爪”，它属于肉食恐龙，生活于距今1.30亿～1.25亿年前的白垩纪早期。在这一时期发现的恐龙化石中，重爪龙是体型最大的一类，其化石在英格兰和西班牙北部都有发现。

重爪龙复原图

身体特征

重爪龙体长约8.5米，体重约1 700千克。骨骼研究显示最完整的标本并非成年重爪龙，所以重爪龙可能体型更大。重爪龙头部扁长，口中长满细齿，前肢强壮，有3个强有力的指，特别是拇指粗壮巨大，长有一个超过30厘米长的钩爪。

在伦敦自然历史博物馆，重爪龙被重组。

长颌

重爪龙的长颌和鳄鱼类似，下颌有64颗牙齿，上颌有32颗较大的牙齿，共96颗，比鳄鱼多出一倍。它上颌的前端下缘有一个转折段，就像鳄鱼用作阻止猎物逃脱的特征。鼻端可能还有一小型的冠状物。

吃鱼的恐龙

重爪龙是目前已知唯一吃鱼的恐龙，人们在其胸膛内发现了大型鳞齿鱼的鳞片化石。重爪龙长而低矮的口鼻部、狭窄颌部、锯齿状牙齿以及像钩子般的爪都适合捕食鱼类。它抓到鱼后，用嘴叼住，然后带到蕨类树丛中去慢慢享用。

生活环境

在白垩纪早期，现在欧洲的大部分地方被韦尔登湖覆盖着，冲积平原和三角洲分布于现在的伦敦地区，重爪龙就是在这些过去的三角洲中被发现的。

1983 年 1 月，人们在英国发现了一个巨型的恐龙化石，这套骨骼被交与伦敦自然历史博物馆。1986 年，人们将这些化石命名为重爪龙，目前已挖出骨骼的 70%，其中包括头骨。

知识小笔记

由于重爪龙的头颅骨化石被发现，所以古生物学家能从这单一的重爪龙标本作出许多推论。

No.081

最丑陋的恐龙——肿头龙

肿头龙的头骨顶部非常厚，像肿起来一般，所以起名肿头龙，它生存于白垩纪末期的山地丘陵和沙漠中，这样的地形不利于化石的形成，所以，这类恐龙的化石发现较少。目前，它的化石主要分布在美国的蒙大拿州、南达科他州和怀俄明州。

身体特征

因为目前只发现了肿头龙的颅骨，所以还不清楚它的生理结构。科学家推测它可能是两足恐龙，体长约4.5米，重约1.5吨，拥有相当粗短的颈部、短前肢、长后肢以及可能由骨化肌腱支撑的尾巴。

以人类的眼光，肿头龙怪异的头型足以赢得最丑陋恐龙的头衔。

著名的颅骨

肿头龙因为大型的骨质颅顶而著名，其厚度可达25厘米，可安全地保护脑部。颅顶后方有骨质瘤块，而口鼻部有往上的短骨质角。它具有喙状的嘴，眼窝很大，呈圆形，这显示其具有良好的视力。

生活习性

肿头龙可能喜欢过群体生活。成年雄性个体通过撞头确定群体的领袖。在繁殖季节，它们也可能以这种方式决出胜负，胜者与雌性个体交配。不过肿头龙的厚头部并不能帮助它抵抗掠食者的袭击。肿头龙有敏锐的嗅觉和视觉，当发现敌人时，会快速逃离。

群体生活是许多种恐龙生存下来的重要保证

肿头龙的食物

由于肿头龙的牙齿比较锐利，并有锯齿，所以不能嚼烂纤维丰富的坚韧植物。科学家判断，肿头龙的食物包括植物种子、果实和柔软的叶子等，甚至还有昆虫。

知识小笔记

古往今来，还没有任何动物的头骨能和肿头龙相比，即使是 20 米长的马门溪龙的头盖骨厚度也只有 1 厘米。

肿头龙的近亲

肿头龙是肿头龙科中最著名的成员，除肿头龙外，还有冥河龙、倾头龙、剑角龙、平头龙、小头龙等 10 多种恐龙。

酷似鸟类的恐龙——拟鸟龙和似鸟龙

拟鸟龙生活于距今约7 000万年前的白垩纪晚期，它的化石发现于蒙古国，并于1981年由古生物学家命名。似鸟龙也生活于白垩纪晚期，其化石则多发现于北美洲，它的形态与大型鸟类，如鸵鸟、鸸鹋相当接近，只是它还保留着长长的尾巴。

拟鸟龙的身体特征

拟鸟龙属于小型恐龙，身长1.5米，臀部高约45厘米。与身体比较，其头骨较小，但眼睛较大。拟鸟龙的喙嘴类似鹦鹉，嘴里没有牙齿，但是在前上颌骨的尖端有一排像牙齿的伸出物，使喙有锯齿的边沿，所以估计它是素食或杂食动物。

拟鸟龙的行为习性

拟鸟龙的前肢较短，手掌骨像鸟类的一样愈合在一起，尺骨上有隆起物，科学家解释这是羽毛的附着点，因此，科学家普遍认为拟鸟龙具有羽毛，但不能飞行。拟鸟龙的胫骨比股骨长，脚部也很修长，估计它善于奔跑。

拟鸟龙复原图

群居动物

2008年，一个由加拿大、美国、蒙古国的古生物学家团队在蒙古国发现了一个埋有大量拟鸟龙骨骼的尸骨层。这些化石包含多个拟鸟龙成年个体和未成年个体，所以，研究人员认为拟鸟龙是群居动物。

似鸟龙复原图

知识小笔记

似鸟龙的化石在加拿大发现的比较完整，包括发现于艾伯塔省埃德蒙顿地区的埃德蒙顿似鸟龙，在省立恐龙公园则发现了一个保存极好的天然状态标本。

似鸟龙的身体特征

似鸟龙身长3.5米，高2.1米，重100 ~ 150千克。它们是两足恐龙，外表类似鸵鸟，头部较小，上下颌没有牙齿，眼睛很大，所以具有良好的视力；细长、顶端有爪的前肢类似树懒的手，可以捕抓食物；强有力的后肢和轻而中空的骨头使它们能高速奔跑；硬挺的尾巴具有平衡的作用。

2003年，在我国内蒙古自治区发现的14具似鸟龙的化石中都有胃石，这证明了似鸟龙以植物为主食。

No.083

长着鹦鹉嘴的恐龙——鹦鹉嘴龙

鹦鹉嘴龙生存于白垩纪早期的亚洲，距今 1.3 亿～1.1 亿年。鹦鹉嘴龙不如它的远亲三角龙广为大众所知，但它们是已知最完整的恐龙之一。到目前为止，已发现超过 400 个个体化石，其中包括许多完整骨骸。

鹦鹉嘴龙

身体特征

鹦鹉嘴龙是小型的素食恐龙，体长约 1.8 米，高约 1 米，两足行走，头短宽而高，吻弯曲似鹦鹉嘴，故而得名。它的颧骨向外伸，脖子比较短。

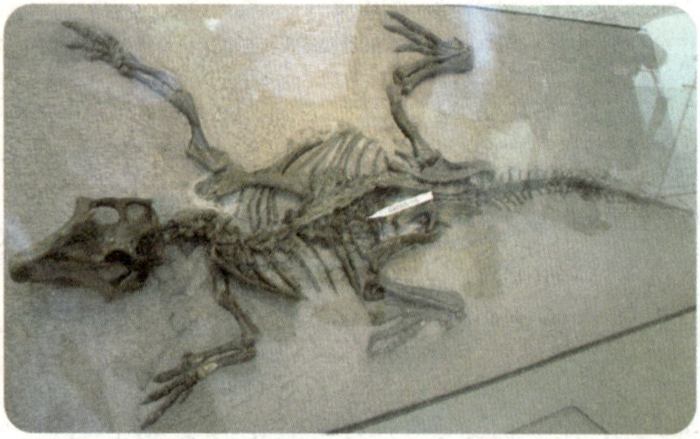

鹦鹉嘴龙化石，白色箭头处为胃石。

胃石

鹦鹉嘴龙拥有锐利的牙齿，可用来切割、切碎坚硬的植物，但它并没有适合咀嚼或磨碎植物的牙齿，因此鹦鹉嘴龙靠吞食胃石来帮助磨碎消化系统中的食物。古生物学家经常在鹦鹉嘴龙的腹部位置发现胃石，有时超过 50 颗，这些胃石可能储藏于砂囊中，如同现代鸟类。

丰富的种类

由于鹦鹉嘴龙的化石丰富，所以目前已经确认出最少10个种类：蒙古鹦鹉嘴龙、大鹦鹉嘴龙、内蒙古鹦鹉嘴龙、新疆鹦鹉嘴龙、中国鹦鹉嘴龙、额多鹦鹉嘴龙、梅勒营鹦鹉嘴龙、马鬃山鹦鹉嘴龙、西伯利亚鹦鹉嘴龙和陆家屯鹦鹉嘴龙，其中蒙古鹦鹉嘴龙是最著名的，也是体型最大的。额多鹦鹉嘴龙是已知最小的一种，小于蒙古鹦鹉嘴龙约30%。

蒙古鹦鹉嘴龙的化石

分布地点

鹦鹉嘴龙分布的地理空间辽阔，从西伯利亚南区，跨越蒙古到我国北方，但所有的发掘地点都局限在亚洲地区。最早发掘到的鹦鹉嘴龙是在蒙古南部戈壁沙漠，这件标本是在1922年，美国自然史博物馆第三次亚洲考察探险时采集到的。

群体生活的鹦鹉嘴龙，尾巴有鬃毛状覆盖物。

生理特点

科学家对蒙古鹦鹉嘴龙进行研究发现，这些标本最小的有3岁大，体重小于1千克；最大的标本有9岁大，重达20千克。这显示它的成长速度相当快，比大部分爬行动物与有袋类哺乳动物还快，但比现代鸟类与胎盘哺乳动物慢。

牙齿最多的恐龙——鸭嘴龙

鸭嘴龙生存于距今约8 000万年前白垩纪晚期，当时是两足行走恐龙发展的顶峰时期，鸭嘴龙的数量很多，在素食恐龙中约占75%。1858年，人们发现了第一个鸭嘴龙的骨骸。

生活环境

鸭嘴龙生活于地球历史上动荡的时代，陆地面积在扩大，到处都有低洼的沼泽和湖泊。此时，出现了被子植物，地球上除了苏铁、松柏、银杏等典型的中生代植物群落外，还出现了木兰、柳、桦木、栎树等落叶树，被子植物开始居于统治地位。这样的自然环境特别适合素食恐龙的大发展，鸭嘴龙就是其中的一大类。

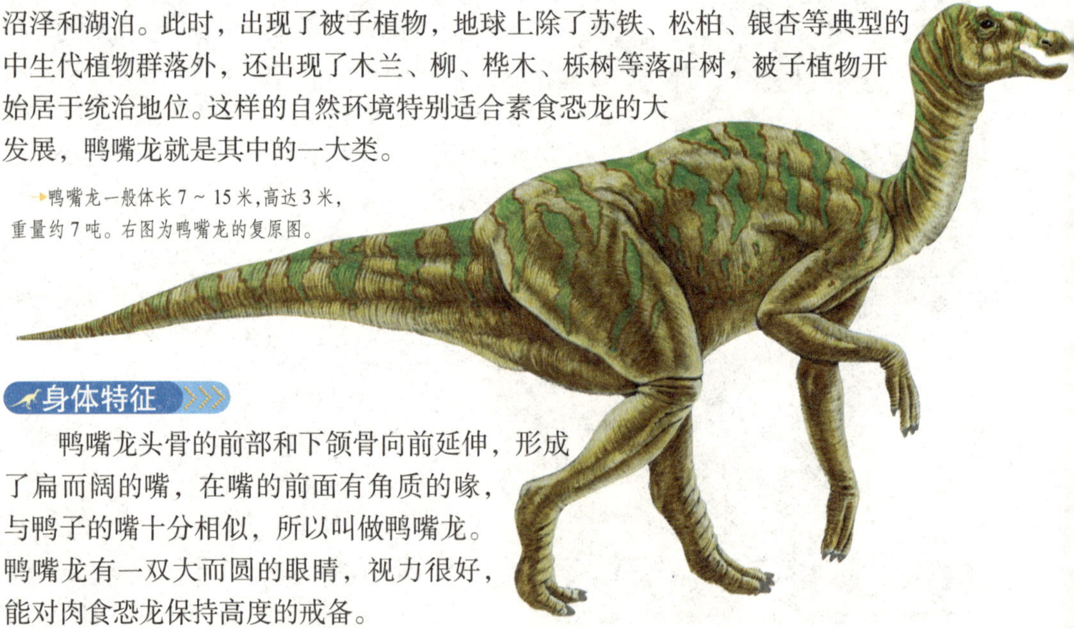

→鸭嘴龙一般体长7～15米，高达3米，重量约7吨。右图为鸭嘴龙的复原图。

身体特征

鸭嘴龙头骨的前部和下颌骨向前延伸，形成了扁而阔的嘴，在嘴的前面有角质的喙，与鸭子的嘴十分相似，所以叫做鸭嘴龙。鸭嘴龙有一双大而圆的眼睛，视力很好，能对肉食恐龙保持高度的戒备。

生活习性

鸭嘴龙主要以柔软植物、藻类为食，偶尔也吃软体动物。平时，鸭嘴龙四足行走，但在遇到敌人时会用两足奔跑，它的前肢各指之间有蹼，有利于水中运动。

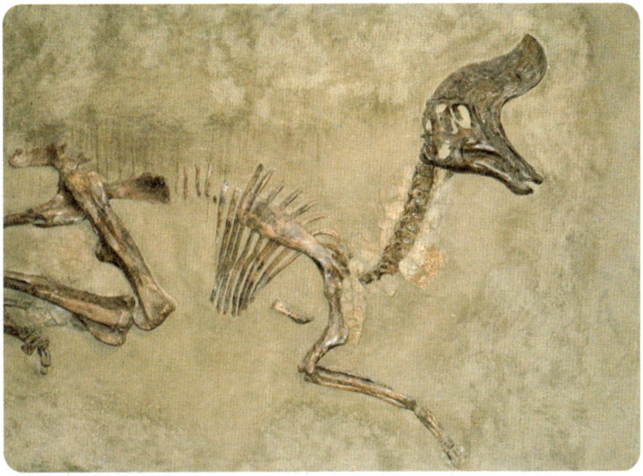

鸭嘴龙是北美最早发掘的一种恐龙。右图为鸭嘴龙的骨架化石。

鸭嘴龙的的家族观念很强，成年鸭嘴龙会很好地保护它们的巢穴，并给幼龙喂食。

众多的牙齿

鸭嘴龙的主要特点之一，是它们颌骨的上下左右都有牙齿，每个牙床上最多可以长500颗牙齿，所以这类恐龙的牙齿最多可达2 000颗。当旧的牙磨光了，新的牙又长出来补充。

独特的顶饰

有些鸭嘴龙头上平平的，没有什么特别的装饰，有些鸭嘴龙头上却长着冠状的突起，人们把这种形状不同的突起叫顶饰，它是由头上的鼻骨或额骨形成的，从鼻孔进入的空气要在这个顶饰里绕一个圈子，再进入气管和肺部。

note 知识小笔记

发现于我国山东的棘鼻青岛龙是有顶饰的鸭嘴龙类，而巨型山东龙是平头鸭嘴龙的代表。除此之外，我国的内蒙古、宁夏、黑龙江、新疆、四川等地均曾发现不少鸭嘴龙化石。

No.085

鸭嘴龙中的大个子——兰伯龙

兰伯龙又名赖氏龙、兰氏龙，是为了纪念加拿大古生物学家劳伦斯·兰伯而命名的，它生活于距今 7 600 万 ~ 6 600 万年前的白垩纪晚期。兰伯龙属于鸭嘴龙的一种，以斧头状顶饰而著名，化石主要发现于加拿大、美国和墨西哥。

命名

兰伯龙的化石最初于 1902 年由劳伦斯·兰伯所研究，但直到 1923 年，才由威廉·帕克斯命名为兰伯龙。目前已有几个种被命名，其中在墨西哥发现的宽尾兰伯龙体型最大。

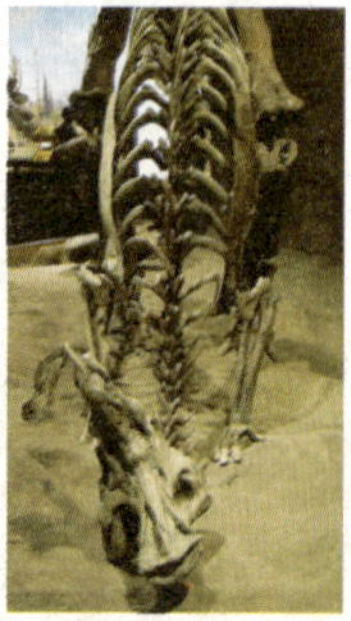

↑兰伯龙的骨架模型

→兰伯龙复原图

身体特征

兰伯龙可能是鸭嘴龙中最大的一种，曾经发掘的一具骨架长达 12 米，因此成为鸟臀类恐龙中体型最大的。兰伯龙与其他同类一样，指和趾端都生有大小不同的蹄，既能四脚落地，也能两腿行走。它的皮肤上有卵石状花纹，上面的鳞片镶嵌在一起，组成有规则的图案。

著名的顶饰

兰伯龙的顶饰分为两部分，前部是一个长方形的冠状物，后部有一只短角，连在一起很像一顶济公戴的帽子，其中雄性兰伯龙的顶饰较大。

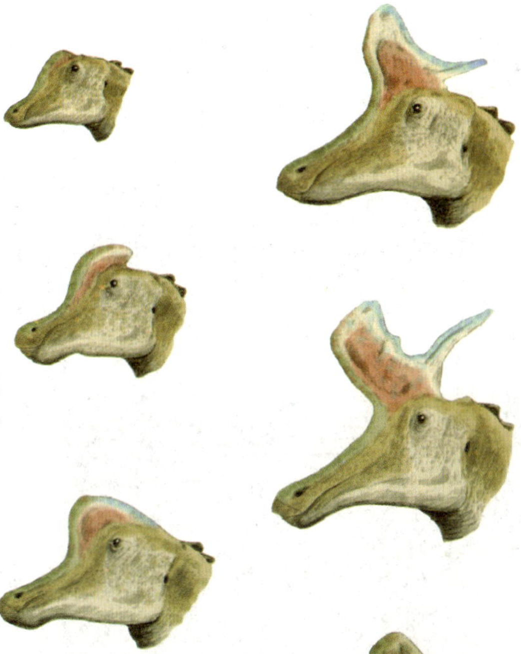

不同的兰伯龙标本一度各自有它们的种名，现在被认为是不同成长阶段的兰伯龙。左列为幼年体，右列为成年体。

科学家的猜测

兰伯龙的鼻管绕经这个顶饰，使其大部分为中空。许多科学家认为顶饰的功能包括：存放盐腺、增进嗅觉、储存空气或换气、共鸣器、用来辨认不同种或不同性别。在各种假设中，广泛受到支持的功能是制造声音和辨认彼此。

note 知识小笔记

与兰伯龙亲缘关系最近的是著名的盔龙，其他的近亲是亚冠龙、扇冠大天鹅龙。

行为习性

兰伯龙以植物为食，通常以四条腿走路，但当受到惊吓时，它可以用两条强壮的后腿奔跑。它依赖锐利的眼光和灵敏的听觉，时刻提防危险的来临。

带头盔的恐龙——盔龙

No.086

盔龙又名冠龙、鸡盔龙、盔头龙或盔首龙，它生活于 8 000 万～6 500 万年前的白垩纪晚期，是鸭嘴龙类中最著名的恐龙，属于兰伯龙中的一种。它的化石主要发现于加拿大和美国。

盔龙的骨架

身体特征

盔龙属于大型恐龙，它的体长可达 10 米，体重约 4 吨，头上有一个中空的鸡冠般的头冠，与鼻孔相通。据说头冠内有发达的嗅觉细胞，所以盔龙的嗅觉很灵敏。它的喙里一颗牙也没有，但嘴里有上百颗牙齿。盔龙的前肢较短，尾巴又粗又长。

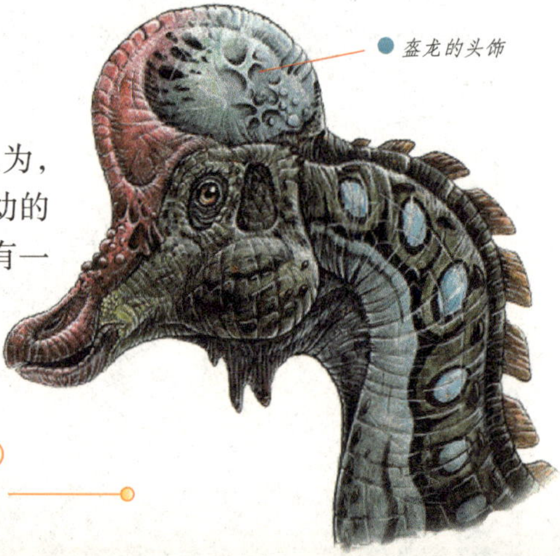

头饰

盔龙头饰的大小不一，科学家研究认为，较小的头盔属于年轻的或雌性个体，较年幼的盔龙几乎没有头饰，只是在它的眼睛上方有一个小小的突起。由于它们头饰的形状各不相同，使得这一家族成员的鸣叫声也形形色色。

生活习性

盔龙成群居住，而且很可能会游泳，它们跑得也很快。平时，盔龙只用后肢行走，进食时则用较短的前肢来支撑身体，然后将细枝、树叶和松针用没牙的喙咬断，然后放入后面成排的牙齿间磨碎。

由于盔龙有蹼，它曾一度被认为大部分时间是生活在水中的。但是，后来发现这些所谓的蹼，其实是漏气的软垫，如同很多现今的哺乳动物。

防御

盔龙身上没有盔甲、棘刺和利爪，它们只能依靠敏锐发达的视觉和听觉器官去预防不测。盔龙还非常喜欢炫耀自己与众不同的头饰和独特的鸣叫声。这些显眼的特征很可能是为了吓唬对方，使对方在决定向自己发动进攻前，三思而行。

知识小笔记

目前，有超过 20 个盔龙的头颅骨被发现。盔龙的皮肤化石痕迹显示它们身上可能有花纹。

沉入海底的化石

1912 年，首个盔龙标本在加拿大艾伯塔省被发现，其中还保存了盔龙的皮肤化石。1916 年，这些标本连同其他化石从省立恐龙公园被一同运往英国。但运送的船只被德国的武装袭击舰所击沉，有 7 500 万年历史的化石就此沉入北大西洋的海底。

盔龙复原图

No.087

恐龙中的好妈妈——慈母龙

以前人们一直认为恐龙和今天的爬行动物一样，都是一生下蛋就走开，不会像哺乳类和鸟类一样照顾自己的幼崽。但是在 1978 年，科学家发现有一种恐龙竟会照顾并喂养小恐龙，于是便将之命名为慈母龙。

好妈妈

慈母龙的学名意为“好妈妈蜥蜴”。它是一种大型鸭嘴龙类恐龙，生存于距今 7 400 万年前的白垩纪晚期。目前已发现超过 200 个各种年龄段的慈母龙标本，主要分布在美国和加拿大。

慈母龙属于群居动物，它们的群体非常庞大，最多时可能有上万只慈母龙生活在一起。它们有着奇特的外表，体长约 7 米，体重约 4 吨，并拥有典型鸭嘴龙科的平坦喙状嘴以及厚鼻部。慈母龙的眼睛前方有小型、尖状冠饰。冠饰可能用在求偶季节，作为物种内打斗行为使用。

科学家通过研究慈母龙的幼体化石，发现它们的发育并不完全，还不能行走，牙齿也有一些磨损，这就意味着慈母龙父母将食物带回巢穴喂养幼崽。

抚养幼崽

慈母龙的父母将腐烂中的植被放入巢穴中，利用腐烂产生的温度来孵化蛋，而并非父母坐在巢穴中孵化。孵化出的幼崽可能在一年后离开巢穴。

慈母龙巢穴中的蛋和刚孵化出的幼崽

巢穴

它们的蛋在巢穴里集中孵化。这些巢穴由土壤堆积而成，中间包含 30 ~ 40 颗蛋，以圆形或螺旋状排列。这些蛋与鸵鸟蛋的大小差不多。

生活习性

慈母龙是素食恐龙，以树叶、浆果和种子为食。它们平时用四条腿走路，跑步时则用两条腿。除了具有强壮的尾巴和采取集体行动的策略，慈母龙没有任何抵御掠食者的武器。

知识小笔记

慈母龙与惧龙、艾伯塔龙等恐龙生存在一起，是最后存活的恐龙之一。

角最多的恐龙——戟龙

戟又名刺盾角龙，生存于距今 7 650 万～7 500 万年前的白垩纪晚期，属于角龙类恐龙。戟龙与其他角龙的显著区别就在颈盾上，戟龙的颈盾边缘长着一圈剑一样的骨棘，活像古代战将背后插的一排“画戟”，非常威武。

发现化石

戟龙的第一个化石是由查尔斯·斯腾伯格在加拿大艾伯塔省的恐龙公园所发现，并由劳伦斯·赖博在 1913 年所命名。在 1935 年，皇家安大略博物馆的工作人员重新来到恐龙公园并发现了遗失的下颚与骨骸的大部分。

戟龙是种大型恐龙，体长 5.5 米，高约 1.8 米，重量约 3 吨。它的四肢和尾巴较短，身体非常笨重。

知识小笔记

科学家认为戟龙与其近亲的大型颈盾也有可能有助于增加身体的表面积，以利于调节体温。

生活习性

戟龙是群居动物，当初，它们漫游在北美的大平原，用像鹦鹉那样弯曲的喙嘴，切割采食植物的树叶。有些科学家认为它们以棕榈科或苏铁为食，而有些科学家则认为它们以蕨类为食，还有的认为戟龙会用身体撞倒开花植物，并以它们的树叶与树枝为食。

戟龙的头颅非常巨大，拥有大型鼻孔和高大的鼻角，颈盾上有 4～6 个尖角，数量依物种而不同。右图为艾伯塔戟龙复原图。

防御和进攻

戟龙的防御和进攻能力都很强，角和颈盾的骨刺都像一把把利剑，是反守为攻的可怕武器，足以使任何凶猛的捕食者胆战心惊。在同肉食恐龙搏斗时，戟龙只要把头从下往上使劲一抬，数把“利剑”就会立刻刺进迎面扑来的侵犯者的皮肉里。

位于美国自然历史博物馆的艾伯塔戟龙的头骨侧面

被冤枉的恐龙——窃蛋龙

窃蛋龙又名偷蛋龙，是发现于蒙古的一种小型兽脚类恐龙。它生活在距今7 500万年前的白垩纪晚期。窃蛋龙的名字只是人类主观猜测而定的名字，而可怜的窃蛋龙却因此而背上了一个莫须有的罪名。

名字的由来

1923年，古生物学家在蒙古大戈壁上发掘化石时发现了一个恐龙骨架正爬在一窝原角龙的蛋上（后来证明是窃蛋龙自己的蛋）。当时的科学家认为它正在偷别的恐龙的蛋，于是就给它起了个很不好听的名字，叫窃蛋龙。

→窃蛋龙的奔跑速度较快，它一旦被敌人发现，就会飞速逃离。

为窃蛋龙正名

1990年，中外科学家在我国内蒙古联合考察时，发现了完整的窃蛋龙骨架，它正卧在一窝恐龙蛋上面，很像是在孵蛋。科学家还根据窃蛋龙的喙部结构认为窃蛋龙并不偷窃其他恐龙蛋，反而还有孵蛋的功能，但是，根据命名原则，窃蛋龙的名字是不能改变的。

身体特征

窃蛋龙体型较小，体长 1.8 ~ 2.5 米，在它的鼻骨上方有骨质的突起。可能由于雌雄差异，部分种类的窃蛋龙头骨上还有顶饰。它们的前肢有爪状的三个指头，后肢粗壮有力，嘴呈喙状，形同鸟嘴那样向下弯曲呈弧形。甚至很多幻想图中，窃蛋龙身上还披着羽毛。

生活习性

古生物学家根据窃蛋龙的化石推测，它除了食用有限的植物果实以外，也会利用喙部十分坚硬的骨质尖角很容易地刺穿软体动物的外壳，所以它可能是一种杂食恐龙。

孵化行为

窃蛋龙喜欢群体生活在一起，而且自己进行孵化抚育活动。成年的窃蛋龙把蛋产在用泥土筑成的圆锥形的巢穴中。巢穴的直径一般为 2 米，每个巢穴相距 7 ~ 9 米远，有时它们会用植物的叶子覆盖在巢穴上，让植物在腐烂过程中产生孵化所需的热量，进行自然孵化。

知识小笔记

窃蛋龙是最像鸟类的恐龙之一，尤其是它胸腔的每个肋骨上都有个突起物，可使胸腔更坚牢，这是典型的鸟类特征。

No.090

恐龙世界的四不像——慢龙

慢龙生活在距今9 300万年前的白垩纪晚期，其化石发现于蒙古南戈壁省和东戈壁省。慢龙是一种非常奇特的两足行走的恐龙，目前被归入蜥脚类恐龙，但它同时具有兽脚类、原蜥脚类和鸟臀类恐龙的共同特征。

身体特征

慢龙体长6～7米，头部小而窄，前肢较短，爪子有3指，指端是弯钩状大爪；它的后肢较长，而且大腿比小腿长，足部短宽，不能像其他兽脚类恐龙那样快速奔跑和捕食活的动物，只能轻快地行走或缓慢踱步，并因此得名。

生活习性

同其他两足行走的肉食恐龙一样，慢龙的颌后部生有利齿，但颌前部却是无齿的喙，这与某些素食动物的特征相同。因此，关于慢龙的生活习性，科学家众说纷纭。一种观点认为，慢龙以蚁为食，它有力的前肢和长长的爪子可以轻易地挖开蚁巢取食，类似于现今南美的大食蚁兽。

慢龙复原图

水中捕食

第二种观点认为，慢龙在水中捕食，因为曾在慢龙化石附近发现一串有蹼的 4 趾脚印，人们认为这可能是慢龙留下的，若慢龙脚有蹼，说明它会游泳。不过，慢龙的下颌显得无力，捕食滑溜溜的水中动物可能比较困难。

吃植物的兽脚类

第三种观点认为慢龙吃植物，无齿的喙说明它可能啮食叶子并切成碎片，而且它趾骨向后的特征，使它腹部有更大的空间，可以容纳消化植物所需的很长的肠子。如果这种观点正确，那么慢龙应该是一种极为特殊的吃植物的兽脚类。

知识小笔记

慢龙类共有 5 个属，其中 4 个属均发现于蒙古国，我国广东发现的南雄龙是在蒙古国外发现的唯一慢龙类代表。

科学家的疑惑

一直以来，古生物学家都认为慢龙是一种兽角类恐龙。但随着研究的不断深入，他们却对这种恐龙感到越来越疑惑，尤其是慢龙骨盆的出现，更让他们对慢龙的分类产生了疑问。因为慢龙骨盆的特征和鸟臀类恐龙相同。

慢龙的蛋巢，展览于莱姆里吉斯。

No.091

最著名的角龙——三角龙

作为角龙类的“代表人物”，三角龙是恐龙史上知名度仅次于霸王龙的一种奇特恐龙，它长着怪异的角和长长的颈盾，粗壮的身体使得霸王龙对它也畏惧三分。三角龙学名的意思是“长着三只角的脸”，它是角龙家族中最出名的一类成员。

最晚出现的恐龙

三角龙的化石发现于北美洲的白垩纪晚期，距今6 800万～6 500万年前。三角龙是最晚出现的恐龙之一，经常被作为白垩纪晚期的代表化石。

三角龙头部的前面

身体特征

三角龙的体型是角龙类中比较大的一类，它的外形看起来更像是长着褶边的犀牛，体长6～10米，高2.9米，体重大约12吨。它额上的两只尖角长约102厘米，第三只从鼻后伸出的角较短，但非常厚重。

三角龙也是非常著名的一类恐龙

生活习性

这些笨重的素食恐龙过着群居的生活，在北美洲温暖、有微风的森林中四处漫游。其众多的牙齿，显示它们以体积大的有纤维植物为食，其中可能包含棕榈科与苏铁，而有些科学家认为还包含草原上的蕨类。可以确信的是，三角龙激怒后会以每小时 15 千米的速度奔跑。

三角龙正在恐吓来到巢穴的不速之客

知识小笔记

第一个被命名为三角龙的标本，于 1887 年发现于美国科罗拉多州丹佛市附近，由一个头颅骨顶部和附着在上面的一对额角所构成。

角的功能

长久以来，关于三角龙三根角以及颈盾的功能处于争论中。传统上，这些结构被认为是用来抵抗掠食者的武器，但最近的理论认为这些结构可能用在求偶以及展示支配地位，如同现代驯鹿、山羊、独角仙的角状物。

角龙的祖先——原角龙

原角龙是生存于白垩纪晚期的素食恐龙，它的外形和著名的三角龙极为相似，但是体型较小，而且头上也没有长角。在我国内蒙古地区曾发现大量原角恐龙的骨骼、巢穴、蛋及小恐龙的化石，因而轰动全世界。

身体特征

原角龙是种小型恐龙，体长1.5 ~ 2米，成年原角龙的体重约180千克。它的头颅占身体的比例很大，头上长着褶边一样的装饰，雄性的比雌性的大些。原角龙的喙和鸟喙很像，前部没有牙，但在嘴里两侧长着牙。它的四肢都比较短小。

知识小笔记

原角龙生蛋时往往是几只雌龙共用一个窝，大家轮流一圈一圈地产蛋。

生活习性

人们曾发现过一个原角龙的墓地，里面有从成年到幼体的许多骨架化石，说明原角龙是一种以家族为群体生活的动物。它们喜欢采食植物的枝叶以及多汁的茎根。原角龙用四肢走路，而且走得比较慢，它最大的敌人是迅猛龙。

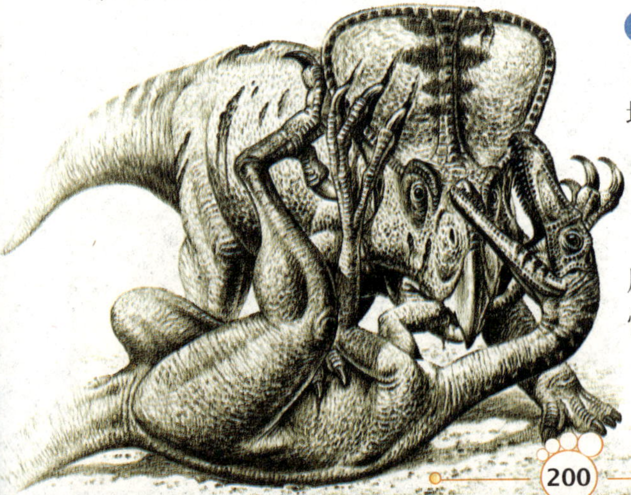

迅猛龙与原角龙打斗的示意图

发现和命名

1922 年，一支由美国科学工作者组成的探险队到蒙古戈壁大沙漠调查，结果于 1923 年夏天，在火焰崖附近挖出大量化石，由于学者们认为这批化石应属于角龙的祖先，所以后来便把它们命名为原角龙。

组装过的原角龙骨骸

第一批恐龙蛋

在这次探险中除了发现原角龙的化石外，最令人兴奋和讶异的是恐龙蛋的发现，这是第一批被人类挖掘到的恐龙蛋，除了让不主张恐龙生蛋的学者感到吃惊外，也让主张恐龙生蛋的学者感到欣慰。

孵化中的原角龙

狮鹫神话的来源

有关学者提出，角龙类与原角龙保存良好的化石，被居住于中亚天山山脉、阿尔泰山脉的挖掘金矿的游牧民族发现后，成为奇幻动物，如狮鹫的形象来源。狮鹫被描述成有狮子的身体、大型爪和鹰头。它们在山上与沙漠中的砂岩，守卫地底的黄金。

这是晚白垩纪时期，发生于现在蒙古的一幅场景。迅猛龙与原角龙打斗，一头倾头龙正在好奇地观望这场残酷而激烈的遭遇战。

披甲戴胄的恐龙——萨尔塔龙

在白垩纪晚期，蜥脚类恐龙的地位已经不如往昔了，它们的领地被禽龙、甲龙、角龙等占据。但是蜥脚类恐龙家族有的成员仍然漫步在这个星球上，这就是萨尔塔龙。它的名字取自于阿根廷北部的萨尔塔省，这也是首次发现它们化石的地点。

有骨板的蜥脚类恐龙

萨尔塔龙是高度演化的蜥脚类恐龙之一，它们生存于 7 500 万 ~ 6 500 万年前。1980 年，科学家首次发现它们的化石时，看到其身上有骨板，于是古生物学家开始重新思考蜥脚类恐龙的定义，猜测其他蜥脚类恐龙可能也有骨板，例如阿根廷的拉布拉达龙。

萨尔塔龙可能利用长长的后肢抬起自己的身体，灵活的尾巴可作为支撑，协助它在高处采食。

身体特征

萨尔塔龙体长 12 米，比一辆公共汽车还要长，髋部至地面约 3 米，拥有鞭子一样的长尾巴，体重约 7 吨。

甲胄的保护

萨尔塔龙的体表散布着像甲龙一样的圆型骨质甲板，在这些甲板之间生长着数百个坚硬的小纽扣状饰物，小的如手指大，大的如成人的手掌。它们有助于增强萨尔塔龙的自我保护能力。

知识小笔记

在发现萨尔塔龙之前，科学家认为，蜥脚类恐龙以自身巨大的体型作为防御手段。

如同所有蜥脚类恐龙，萨尔塔龙也是素食恐龙。

北美古生物博物馆中的萨尔塔龙蛋

新的发现

1997年，科学家在阿根廷巴塔哥尼亚地区发现了一个大型恐龙蛋巢。这些恐龙蛋长度为11～12厘米，内部有石化的胚胎，这些完整胚胎拥有皮肤痕迹，但无法显示是否有任何真皮组织或是羽毛。这些恐龙蛋被认为属于萨尔塔龙。

No.094

长着镰刀般前臂的恐龙——镰刀龙

镰刀龙生存于距今 7 000 万年前的白垩纪晚期，是兽脚类恐龙中出现较晚、体型较大的一种。它的化石首次发现于蒙古，由于其前臂的钩爪就像是用来除杂草的长柄大镰刀一样长，所以古生物学家将其命名为镰刀龙。

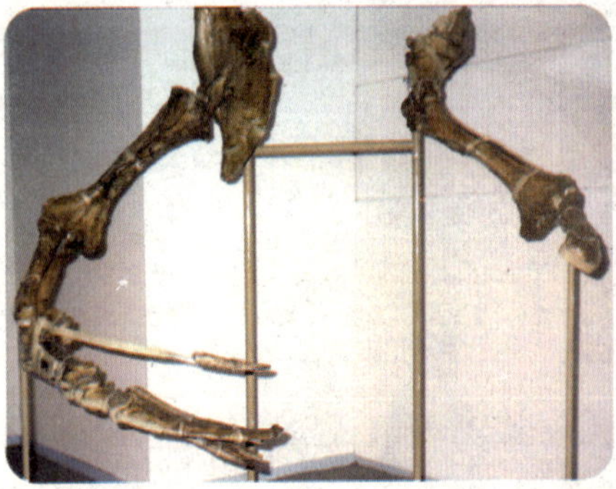

发现

镰刀龙的第一个化石发现于 20 世纪 40 年代晚期，当时它们被认为是一种未知的乌龟。直到 50 年代早期发现了更多的化石，例如更多副指爪和部分前肢与后肢，才被确认为是一种恐龙，并为之命名。

镰刀龙的指爪化石

身体特征

科学家通过测量一些镰刀龙的前臂骨骼化石和一些钩爪化石，发现其前臂长约 2.5 米，一些钩爪长约 75 厘米，有些竟有 1 米长。由此估计镰刀龙体长可至 9.6 米，重 3 ~ 6 吨。由于它的尾骨上长着被称为骨棒的支撑物，所以尾巴僵直。

镰刀龙复原图

巨爪的作用

镰刀龙的巨爪可以用来自卫或者是争夺配偶，遇到敌人时，它会伸开前臂，就像一只拍着翅膀的天鹅一样。镰刀龙通过展示自己的巨爪，起到威吓敌人的作用。

镰刀龙的食性

镰刀龙的食性目前仍然处于争论中。它可能是素食恐龙，使用大型指爪将树叶送入嘴中。也有观点认为它们是以白蚁为食，使用指爪将大型白蚁冢挖开。但根据镰刀龙的巨大体型和它们宽广的嘴部与平坦的牙齿，估计它们应该是素食动物。

行为方式

部分学者认为镰刀龙的前肢与后肢长度相近，估计是像大猩猩或爪兽那样行动。但是更多的学者认为它不应该是四肢着地的，因为它前肢的结构不适合支撑体重，爪也比较碍事，所以应该是两足行走。

note 知识小笔记

1993 年，科学家发现了镰刀龙的近亲阿拉善龙；1996 年，镰刀龙的另一近亲北票龙被发现，并且已确定北票龙拥有羽毛，所以镰刀龙极有可能拥有羽毛。

No.095 长有背帆的肉食恐龙——棘龙

棘龙是一种兽脚类恐龙，生存于距今9 500万～9 300万年前白垩纪的非洲。其中最著名的种是发现于埃及的埃及棘龙和发现于摩洛哥的摩洛哥棘龙。根据最新的研究显示，棘龙是目前已知最大型的肉食恐龙之一。

发现化石

棘龙的第一个化石是在1912年发现于埃及的拜哈里耶绿洲，并由德国古生物学家恩斯特·斯特莫在1915年所命名。在拜哈里耶绿洲也发现了其他的化石碎片，包含脊椎与后肢。

德国古生物学家恩斯特·斯特莫

身体特征

棘龙也叫做棘背龙或者帆棘龙，根据英国科学家的最新研究，棘龙最长16～18米，高2～3米，体重7～9吨，棘龙身上还背着一个帆状的棘，由于其不能收拢和折叠，给棘龙的行动带来了诸多不便。

帆状物的功能

棘龙背上明显的长棘是由非常高大的神经棘所构成，这些神经棘从背部脊椎骨延伸出来，长度可达2米，长棘之间可能由皮肤连接，形成一个帆状物。这些帆状物可能充当体温调节器、在求偶季节时吸引异性以及在遭受威胁时充当警告物使用。

棘龙骨骼复原图

棘龙的牙齿

生活习性

棘龙的栖息环境涵盖北非大部分地区。目前仍不确定棘龙主要是陆地掠食者，还是鱼食性。棘龙拥有长长的颚部、圆锥状牙齿和提高的鼻孔，这显示它们可能是鱼食性。或许棘龙平常喜欢捕食鱼类，但有时也捕食小型到中型的猎物。

行为

棘龙曾经一直被认为是两足行走的恐龙。20世纪80年代早期过后，它们被认为可能有时用四足行走。这个论点因为发现了重爪龙而得到支持，重爪龙是棘龙的近亲，拥有结实的前臂。不过，科学家现在认为棘龙更可能以两足行走为主。

最聪明的恐龙——伤齿龙

No.096

伤齿龙是一种小型兽脚类恐龙，科学家曾一度认为它是鸟臀类唯一的肉食恐龙，但现在了解到它实际上是蜥臀类恐龙。伤齿龙生存于距今 7 600 万 ~ 6 500 万年前的白垩纪晚期。它的化石于 1855 年被发现，是北美洲最早发现的恐龙之一。

身体特征

伤齿龙身长约 2 米，高 1 米，体重约 60 千克。它拥有较大的眼睛和非常修长的四肢，这显示它可以快速奔跑。伤齿龙还拥有较长的前肢，可以像鸟类一样往后折起。它的第二脚趾上拥有大型、可缩回的镰刀状趾爪。

伤齿龙最初被认为主要以小型动物为食，例如无脊椎动物或哺乳类。

↑伤齿龙的牙齿呈叶状，有大型锯齿状边缘，如同素食恐龙，而且牙齿短而宽广，侧边有磨损面。科学家根据这些判断伤齿龙更像是素食恐龙。

最聪明的恐龙

伤齿龙是最有智慧的恐龙之一。在脑容量与体型相比较下，伤齿龙具有恐龙中最大的脑袋。这显示它们可能是白垩纪晚期最聪明的一群。有些科学家甚至认为它可能和鸵鸟智商相近，这比现生的任何爬行动物都要聪明。

知识小笔记

1978 ~ 1984 年间，科学家在加拿大的蒙大拿山区发现了三处恐龙巢穴遗迹，包括一窝排列整齐的伤齿龙蛋。

繁殖特点

生活在北美洲的伤齿龙常把卵产在刚干涸的湖底或沼泽地的湿润泥土里。而生活在我国的白垩纪伤齿龙则是选择水边的沙土地作为产卵地点，产完卵后，它们会用沙土小心地将这些蛋埋起来，而且它们还会孵蛋。

No.097

发现皮肤化石的恐龙——埃德蒙顿龙

埃德蒙顿龙生活于距今 7 300 万～6 500 万年前的白垩纪晚期，是鸭嘴龙类中体型最大的恐龙之一。埃德蒙顿龙的第一个化石发现于加拿大艾伯塔省的埃德蒙顿，因而就以该地区的地名来命名。

身体特征

如同其他鸭嘴龙类，埃德蒙顿龙的头部前端平坦、宽广，口鼻部类似鸭子，没有头冠，尾巴长而窄。成年的埃德蒙顿龙体长可达 13 米，体重约 4 吨，是最重的鸭嘴龙科恐龙之一，其中帝王埃德蒙顿龙是体型最大的。

知识小笔记

恐龙的皮肤化石是由于恐龙死后，皮肤急速干透及在泥土上留下形状而造成的。

食性

埃德蒙顿龙的牙齿很紧密地排列成 60 列。就像今天的鲨鱼一样，它的新牙齿会不断地生长来取代脱落的牙齿。当下颚骨向上时，上颚骨可以向外弯曲，颚骨就可以磨碎食物。它的食物包括针叶、种子和树枝等，这些都曾在埃德蒙顿龙化石的体腔内发现。

↑埃德蒙顿龙的皮肤化石

皮肤化石

目前已有数个埃德蒙顿龙标本被发现有石化的皮肤痕迹，其中以1908年发现的“糙齿龙木乃伊”与在1999年发现的“达科他”标本最为著名。从上述皮肤标本中，我们可以得知埃德蒙顿龙的身体覆盖着类似爬行动物的鳞片。

→埃德蒙顿龙的完整保存标本

生活习性

科学家在加拿大艾伯塔省发现了大量埃德蒙顿龙的尸骸，由此可见它们是群居动物，族群可能随着季节的变化而迁徙，由冬天食物缺乏的阿拉斯加北坡来到艾伯塔省水草丰茂的草原。

行为方式

埃德蒙顿龙的前肢比后肢短，但前肢也有足够长度，仍然可以以四足行走，但行动比较缓慢。为了生存，埃德蒙顿龙必须拥有敏锐的视觉、听觉和嗅觉来预防猎食者的袭击。

↑埃德蒙顿龙复原图

恐龙世界的羚羊——棱齿龙

棱齿龙生活于距今约 1.1 亿年前的白垩纪早期，是一种比弯龙更原始的鸟脚类恐龙，因其牙齿颊有沟槽和高棱而得名。这类恐龙行动敏捷，非常善于奔跑。目前棱齿龙的化石主要发现于欧洲，尤其是英格兰发现的最多。

发现和命名

棱齿龙的第一个骨骸是在 1849 年由早期古生物学家发现，然而当时，这些骨头被认为属于年轻禽龙。直到 19 世纪 70 年代，古生物学家赫胥黎为其命名。

古生物学家赫胥黎

棱齿龙的前肢很长，有 5 指，很适合抓扯食物并能捧食，而且它的喙嘴狭窄锐利，很适合咬食树木的枝叶。

身体特征

棱齿龙属于小型恐龙，头部只有成人的拳头大小，身长 1.4 ~ 2.3 米，体重 50 ~ 70 千克，其身高只能达到成年人的腰部。

恐龙世界的羚羊

如同大部分小型恐龙，棱齿龙也是两足恐龙，它的两腿修长，奔跑起来速度很快，奔跑时，僵硬的尾巴可以很好地保持身体平衡。科学家推测棱齿龙奔跑起来的速度甚至与今天动物界中的羚羊相当，固有“恐龙世界的羚羊”之美誉。

知识小笔记

在英格兰南部海岸的威特岛，曾发现了12头棱齿龙化石集合在一起，它们可能当时被上涨的潮水所困住而死于此地。

虽然棱齿龙生存于恐龙时代的最后一期白垩纪，但它们仍然拥有许多原始恐龙的特征。

生活习性

1882年，有些古生物学家提出棱齿龙如同现代树袋鼠，能够攀爬树木寻找躲藏处。这个观点持续了一个世纪之久。直到1974年，一些科学家提出棱齿龙应该生存于地面上，它们属于群居动物，以低处的植被为食，就像现代的鹿以植物的嫩枝和根部为食一样。

No.099

名不副实的"勇士"——豪勇龙

豪勇龙，又名无畏龙，意为"勇敢蜥蜴"，它生存于白垩纪早期，距今约 1.1 亿年前的非洲。1966 年，法国古生物学家菲利普·塔丘特在西非的尼日尔发现了两个完整的豪勇龙化石，并在 1976 年正式命名。

身体特征

豪勇龙身长 7 米，重达 4 吨。它一度被认为背部有大型的帆状物，由厚、长的脊柱支撑，长度约 50 厘米，并横跨整个背部与尾巴，类似同时代著名的肉食恐龙棘龙。事实上，这些高大神经棘并不完全类似棘龙的帆状物，而是类似美洲野牛的隆肉。

隆肉的功能

豪勇龙的隆肉可能用来储藏脂肪或水，以度过季节性、干旱的气候，就像骆驼一样。隆肉储藏脂肪或水，也可能是为了长途迁徙。

豪勇龙的隆肉使其看起来比实际体型还大，起到威吓竞争对手或掠食者的作用。

行为方式

豪勇龙像今天的袋鼠一样，它可以用两条腿或四条腿走路。它的后肢强壮有力，可以支撑体重。当它需要休息时，就向前倾斜而用四肢着地，很容易用它蹄状的爪子来保持身体的平衡。

由于豪勇龙拥有独特的外貌，所以它非常容易辨认。

知识小笔记

豪勇龙的鼻孔到头颅骨顶部之间有个不规则的隆起，科学家认为它可能被用作群体之间的交往或求偶。

有力的武器

豪勇龙的每个前肢都有拇指尖爪，但比早期禽龙的拇指尖爪小，虽然小，但它仍然是豪勇龙最有力的武器，可以用来刺伤进攻者。豪勇龙的最后一个指骨很长，可能用来挑起树叶、树枝等食物，或者是用来够高出的树枝。

素食恐龙

豪勇龙是素食恐龙，嘴部前方没有牙齿，它的喙状嘴就如同现代的鸭子与鸭嘴兽，而其嘴部两侧的大群牙齿可以用来咀嚼植物。

豪勇龙的骨骼模型

No.100

骨骼保存完好的恐龙——奇异龙

奇异龙在希腊文里意为“奇迹蜥蜴”，是一种小型鸟脚类恐龙，它生活于白垩纪末期的北美洲。由于奇异龙的骨骸结构被良好地保存下来(除了头部以外)，所以科学家们对奇异龙的了解非常详细。

身体特征

奇异龙身长 2.5 ～ 4 米，体重为 200 ～ 300 千克。它们拥有健壮的后肢、小而宽的前爪、头部有长而尖的口鼻部，背部中线可能有小型鳞甲。奇异龙的牙齿有两种形态：前上颌骨的小型、尖状牙齿和叶状颊齿。

奇异龙的骨架模型

行为特点

奇异龙属于两足类恐龙，它的腿部结构非常独特，股骨比胫骨长，再加上它较大的体重，所以与其他善于奔跑的恐龙相比，奇异龙的速度比较慢。氏奇异龙。

骨板

科学家在奇异龙的肋骨两侧发现了大型、薄、平坦的骨板，这些骨板没有伤痕或任何被攻击的迹象，可能在呼吸过程中发生作用。最近的研究认为，这些骨板原本是软骨，在成长过程中发生了骨化。目前，科学家已在多种鸟脚类恐龙中发现类似的骨板。

奇异龙复原图

知识小笔记

奇异龙在2000年吸引了媒体的注意，当时，一个在1993年发现的标本中被认为发现了奇异龙的心脏化石，但这一结论现在已遭到否定。

发现和命名

1891年，古生物学家在美国的怀俄明州发现了一具恐龙化石，后来，这些骨骸存放在货运箱中多年，直到1913年才被研究。一些科学家对于这个标本，在长久没有照顾之下还能保持良好的状态而感到惊讶，因此命名其为漠视奇异龙。1926年，科学家在加拿大艾伯塔省发现了另一个保存良好的骨骸，命名为瓦氏奇异龙。

奇异龙的头部与前肢

栖息地

有些科学家认为奇异龙生活于北美洲的泛滥平原，这里气候干旱，并且拥有多样化的植物，例如开花植物、雪松、蕨类和银杏等。奇异龙经常出入于溪流河道，当有些个体死亡时，可能位于河道中或是河流附近，因而容易被掩埋，形成化石。

图书在版编目（CIP）数据

令孩子着迷的100个恐龙秘密/田战省主编．—西安：陕西科学技术出版社，2010.3（2022.1重印）
（全景百科·学生版）
ISBN 978-7-5369-4743-6

Ⅰ．令… Ⅱ．田… Ⅲ．恐龙—青少儿读物 Ⅳ．Q915.864-49

中国版本图书馆CIP数据核字（2010）第003388号

全景百科·学生版

LING HAIZI ZHAOMI DE YIBAIGE KONGLONG MIMI

令孩子着迷的100个恐龙秘密

出版人 崔 斌
责任编辑 李 栋
封面设计 李亚兵

出版者 陕西新华出版传媒集团 陕西科学技术出版社
西安市曲江新区登高路1388号陕西新华出版传媒产业大厦B座
电话（029）81205187 传真（029）81205155 邮编710061
http: //www.snstp.com
发行者 陕西新华出版传媒集团 陕西科学技术出版社
电话（029）81205191 81205192
印 刷 三河市燕春印务有限公司
规 格 720 mm×1000 mm 1/20
印 张 11
字 数 183千字
版 次 2010年3月第1版
印 次 2022年1月第3次印刷
书 号 ISBN 978-7-5369-4743-6
定 价 49.80元